中国野外观花系列 05

HANDBOOK OF WILD FLOWERS IN SOUTH CHINA

华南野外观花手册

李 敏 金 宁 编著

河南科学技术出版社
·郑州·

图书在版编目（CIP）数据

华南野外观花手册 / 李敏，金宁编著 .— 郑州：河南科学技术出版社，2015.2
（中国野外观花系列）
ISBN 978-7-5349-7204-1

Ⅰ．①华… Ⅱ．①李… ②金… Ⅲ．①野生植物—花卉—华南地区—手册 Ⅳ．①Q949.408-62

中国版本图书馆 CIP 数据核字 (2014) 第 162112 号

生物中国 总策划：周本庆

出版发行：河南科学技术出版社
地址：郑州市经五路 66 号　邮编：450002
电话：（0371）65737028　65788613
网址：www.hnstp.cn
策　　划：李　敏　　责任编辑：杨秀芳　田　伟
封面设计：张　伟　　版式设计：宣　晶　赵明月
责任校对：柯　姣　　责任印制：张　巍
印　　刷：北京盛通印刷股份有限公司
经　　销：全国新华书店
幅面尺寸：113mm × 181mm　印张：8　字数：215 千字
版　　次：2015 年 2 月第 1 版　2015 年 2 月第 1 次印刷
定　　价：39.80 元

序

我国地域辽阔，横跨寒温带、温带、亚热带和热带，囊括了全球除极地冻原以外的所有主要植被类型，有草原、荒漠、热带雨林、常绿阔叶林、落叶阔叶林、针叶林、高原高寒植被等，仅有花植物就有近 3 万种，是世界野生植物资源最为丰富的国家之一，被誉为“世界园林之母”。

中国植物图像库（www.plantphoto.cn）自 2008 年建站以来，得到各界学者、友人的大力支持，注册用户达 23 000 余人，共享各类植物彩色照片 200 万余幅，涵盖了中国野生植物一半以上的种类。我们从中精选出具有重要观赏价值的野生花卉 2 000 余种，照片 6 500 余幅，按照我国七大行政地理分区，分为华北、东北、华东、华中、华南、西南、西北七册出版。在物种选择上尽可能地包括本地区最具有观赏价值的野生花卉，同时为兼顾在科属水平上的代表性，同属植物仅收录其最常见到的物种。本册收录了华南地区具有重要观赏价值的野生花卉 81 科 223 属 420 种，其中 230 种为主要描述种，重点介绍了植物的分类、识别特征、花期和分布等信息，部分物种还选取了与其形态上相似的 1~2 个相近物种进行了简要描述。

为方便查找使用，本手册按照花色和花型为序编排。需要特别说明的是，植物花朵万紫千红，部分物种花色变异丰富多彩，我们将花瓣最主要的颜色分为白、黄、橙、红、紫、蓝、棕、绿等八种颜色予以索引，请使用时在相近的颜色中查阅。部分花型也仅是看起来像或者接近的花型，而非科学分类，部分可能显得比较牵强，请使用者注意辩证看待。本手册还配有常用术语图解、本地区野生花卉资源等专题性说明，文后还有中文名索引、拉丁名索引等。希望本书能成为您野外郊游识别植物的好参谋。

由于编者时间及精力有限，准备和推敲不够，错误、疏漏及欠缺之处，敬请广大读者批评指正。

中国科学院植物研究所
系统与进化植物学国家重点实验室　李　敏

深圳景观植物设计师　金　宁

二〇一四年十二月

使用指南

分类名称

分别为拼音、中文名、俗名、拉丁学名*、科属。

* 拉丁学名以《Flora of China》为标准。

生境、花期**

** 花期受纬度、海拔和气温的影响较大。

形态特征

主要参考《中国植物志》网站（frps.eflora.cn）数据，有删减。

相近种概述

简要介绍与本种花形相近（花色可能不同）的 1~2 种花卉的特征，以及对应的图片编号。

dùlí
杜梨
Pyrus betulifolia Bunge
科属：蔷薇科，梨属。
生境：平原或山坡阳处。
花期：4月。

乔木。树冠开展，枝常具刺；二年生枝条紫褐色。叶片菱状卵形至长圆卵形，先端渐尖，基部宽楔形，具齿。伞形总状花序，有花 10~15 朵；苞片膜质，线形，早落；萼片三角卵形，先端急尖，全缘；花瓣宽卵形，先端圆钝，基部具有短爪，白色；雄蕊 20 枚，花药紫色，长约花瓣之半；花柱 2~3 个。果实近球形，褐色，有淡色斑点，萼片脱落。①②③

相近种　山荆子（*Malus baccata* (Linnaeus) Borkhausen）萼片披针形，先端渐尖；花瓣白色，倒卵形，基部有短爪④。

16

检索顺序（快速索引页码参见护封握口）

第一步：判断花色

白　黄　橙　红　紫　蓝　棕　绿

第二步：判断花型

辐射对称花　头状花序　左右对称花　穗状花序　伞状花序

dàhuāshàolán

大花杓兰

Cypripedium macranthos Swartz

科属：兰科，杓兰属。

生境：林下、林缘或草坡。

花期：6~7月。

多年生草本。片通常 5 枚，长椭圆形至宽椭圆形，全缘，基部渐狭成鞘状抱茎。花苞片下部者叶状，但明显小于下部叶片；花顶生，紫色，常 1 朵，偶有 2 朵者；中萼片宽卵形；合萼片比中萼片短与狭，先端二齿状裂；花瓣卵状披针形；唇瓣卵球形，内折侧裂片舌状三角形；退化雄蕊矩圆状卵形；花药扁球形。子房弧曲。①②③

相近种　紫点杓兰（*Cypripedium guttatum* Swartz）花单生茎顶，白色，带紫色斑点④。

175

花色花型索引

花色和花型排序，底色为花色、图案为花型。

花型大致分为辐射对称花、头状花序、左右对称花、穗状花序、伞状花序五类。一般花小而多的，则按照花序排列。

目　录

术语图解

花的结构

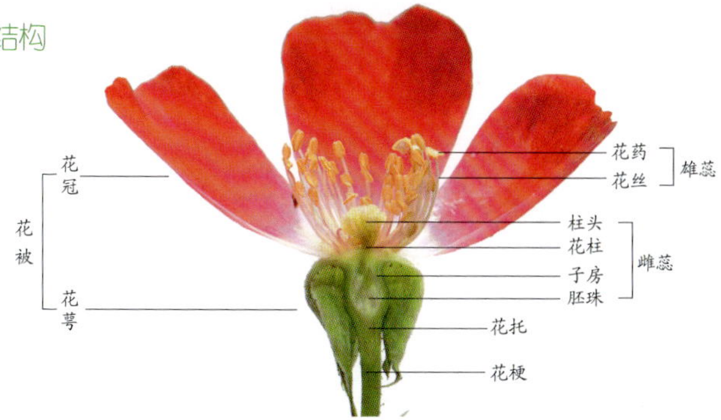

花是被子植物的繁育器官，在其生活周期中占有极其重要的地位。花可以看作是一种不分枝，节间缩短，适应于生殖的变态短枝，花梗和花托是枝条的一部分，花萼、花冠、雌蕊和雄蕊是着生于花托上的变态叶。

同时具有花萼、花冠、雌蕊和雄蕊的花为完全花，缺少其中一部分的花为不完全花。一朵花中既有雌蕊又有雄蕊的花是两性花，只有雌蕊的单性花为雌花，只有雄蕊的单性花为雄花。部分植物无花冠称为单被花，其花萼特化为花瓣状，如铁线莲、郁金香等。生于花下方的叶称为苞片，有时也特化为花瓣状，如珙桐、四照花、叶子花等。

花型

十字形花冠　漏斗状花冠　钟状花冠　轮(辐)状花冠　蝶形花冠　唇形花冠　筒状花冠　舌状花冠

花序

总状花序　穗状花序　头状花序　伞形花序　伞房花序

叶的结构

叶型

单叶（全缘） 单叶（羽状分裂） 单叶（掌状分裂） 羽状复叶 掌状复叶

叶形

条形 披针形 卵形 椭圆形 圆形 心形 戟形

叶缘

全缘 锯齿 重锯齿 波状 钝齿状 半裂 掌状深裂 羽状深裂

叶序

叶互生 叶对生 叶轮生 叶簇生

华南观花指南

本手册所指华南地区主要包括广东、海南二省，广西壮族自治区以及香港、澳门特别行政区。该区域北依南岭，南临南海及越南，西靠云贵高原，海岸线绵长，海域广阔，岛屿众多。区域内河流以珠江水系为主。大陆地区的地势是北高南低，西高东低，地形复杂，有山地、丘陵、平原、台地等，其中山地和丘陵占据大部分面积。海南岛地势则为中央高四周低。区域内的山体多呈东北—西南走向，主要集中在桂西北的云贵高原边缘山地、粤桂北部的南岭山脉、桂东南与粤西南交界的云开大山、桂南的十万大山、粤东的莲花山脉、海南中部的五指山、黎母岭等。其中海拔超过 1 500 米的主要山峰有广西的猫儿山、圣堂山、岑王老山、元宝山、大明山等；广东的石坑崆、大田顶、大雾山、铜鼓嶂等；海南的五指山、鹦哥岭等。其中位于广西桂林的南岭山脉之一的越城岭主峰猫儿山海拔 2 142 米，为华南最高峰。位于广东韶关的丹霞山作为“丹霞地貌”这一专有地理名词的发源地，拥有全世界面积最大，发育最完整，种类最齐全的丹霞景观。广西北部、西部拥有大面积的石灰岩山地，即“喀斯特地貌”，已经作为“中国南方喀斯特”的一部分被列入世界自然遗产。华南海岸线漫长，曲折，岛屿众多，不仅有大陆岛，而且有海洋岛、火山岛和珊瑚岛。其中由东沙、西沙、中沙和南沙等四组群岛组成的南海诸岛多属珊瑚礁岛类型。

华南地区横跨亚热带、热带两条气候带，北回归线横穿中部。北部属热带、亚热带季风气候，南部的南海诸岛属于热带和赤道带海洋季风气候，日照充足，夏长冬暖，季节交替不明显，雨季长，雨量充沛，夏秋多台风，冬春有寒潮入侵。年平均气温除北部和西北部山区外，都在 20℃以上，南海诸岛可达 25℃以上。年平均降水量在 1400 毫米以上，最多的地区可达 2600 毫米，75% 的雨量分布在 4~9 月。

华南地区植被主要由亚热带常绿阔叶林、热带雨林及季雨林组成。得益于温暖湿热的气候和复杂的地形地貌，华南地区虽然面积占全国比例不大，却拥有着全国约 1/3 的植物种类。根据《广东植物志》记载，广东全省共有维管束植物 280 科、1 645 属、7 055 种（含种下等级，下同）；根据《广西植物名录》记载，广西共有维管束植物 309 科、2 011 属、9 168 种，其中 880 种为特有植物；根据《海南植物名录》记载，海南全省共有维管束植物 285 科、1 875 属、5 860 种，其中特有植物 502 种。由于地处偏僻，自古以来远离政治中心，受人为活动影响少，因而区域内自然植被保存得较为完好，尤其是在广西北部、西北部、西南部，广东西部和北部，海南中部均有大片茂密的森林植被，物种十分丰富。区域内的粤桂湘赣南岭山地地区、桂西南石灰岩地以及海南岛中南部山地地区被评为《全球植物保护战略》中三个具有国际意义的陆地生物多样性关键地区，拥有极其丰富的自然资源和高度的生物多样性，特有物种非常之多，近年来还不断地有新种被发现。此外，由于濒临南海，区域内种类繁多的滨海植物也是一大特色，其中红树林作为一种独特的生态系统在我国也只分布于华南沿海地区。

华南地区推荐的野花观赏地有广西桂林猫儿山、龙胜花坪自然保护区、环江木论自然保护区、凌云乐业天坑群、柳州金秀圣堂山、贺州姑婆山、南宁大明山、上思十万大山、龙州宁明弄岗自然保护区；广东韶关南岭自然保护区、丹霞山、惠州南昆山、封开黑石顶、肇庆鼎湖山、深圳梧桐山、潮州凤凰山、梅州铜鼓嶂；海南陵水吊罗山、乐东尖峰岭、昌江霸王岭、五指山等。海滨方面广东的汕头、汕尾、深圳、阳江、湛江等；广西的北海、防城港等；海南全岛的海岸均是观赏海滨植物的好去处。如果要观赏红树林的话海口东寨港自然保护区、广西合浦山口红树林自然保护区、广东湛江红树林自然保护区等都是不错的选择。

xiǎocìshāngān

牛眼睛

小刺山柑

Capparis micracantha DC.

科属：山柑科，山柑属。
生境：森林或灌丛中。
花期：7~12 月。

灌木或小乔木，有时为攀缘灌木。叶革质，长圆形至长圆状披针形，先端钝圆或短渐尖，基部楔形或近圆形。花单生或 2~7 朵排列成纵列，腋上生。花梗与叶柄之间有 1~4 束钻形小刺；花瓣白色，长圆形或倒披针形；雄蕊 20~40 枚；雌蕊柄花期时略纤细，子房椭圆形。果橘红色，卵圆形或椭圆形。①②③

相近种　**牛眼睛** ***Capparis zeylanica*** L. 攀援或蔓性灌木。花 1~4 朵排成一短纵列，腋上生；花瓣白色，长圆形，上面 1 对基部中央有淡红色斑点；雄蕊 30~45 枚④。

xiānggǎngsìzhàohuā

香港四照花

Cornus hongkongensis Hemsl.

科属：山茱萸科，山茱萸属。

生境：湿润山谷的密林或混交林中。

花期：5~6月。

常绿乔木或灌木。幼枝被伏生褐色短柔毛，老枝无毛，皮孔显著。叶革质或厚革质，椭圆形或长椭圆形，先端短渐尖，基部楔形或宽楔形，幼时两面被褐色短柔毛，侧脉3~4对。圆形头状花序顶生，径约1厘米；总苞片白色，宽椭圆形或倒卵状椭圆形。花瓣淡黄色，倒卵状长圆形；雄蕊花丝长约2毫米，花药深褐色；花盘厚垫状，微裂；花柱圆柱状。圆形果序径2.5~3厘米，被白色细毛，成熟时黄色或红色。①②③④

xiǎomùtōng

川木通，蓑衣藤 **小木通**

Clematis armandii Franch.

科属：毛茛科，铁线莲属。

生境：山地、灌丛、林边或水沟旁。

花期：3~4 月。

木质藤本。三出复叶，小叶革质，窄卵形或披针形，端渐尖或渐窄，基部圆至宽楔形，全缘。花序 1~3 个自老枝腋芽生出，7 至多朵花，花序梗基部具三角形或长圆形宿存芽鳞。萼片 4~5 枚，白色或粉红色，平展，窄长圆形或长圆形。瘦果窄卵圆形，具羽毛状宿存花柱。①②

相近种　**丝铁线莲** ***Clematis loureiroana*** DC. 药隔顶端突出，萼片外面密生锈色至褐色绒毛③。**柱果铁线莲** ***Clematis uncinata*** Champ. ex Benth. 叶为一至二回羽状复叶④。

yínzhōnghuā

银钟花 假杨桃，山杨桃

Halesia macgregorii Chun

科属：安息香科，银钟花属。

生境：山坡、山谷较阴湿的密林中。

花期：4 月。

近危种。乔木。冬芽有 3~4 枚鳞片，褐色，有光泽。叶纸质，椭圆形、长椭圆形或卵状椭圆形，先端尾尖，常稍弯，基部楔形，具锯齿，齿端角质红褐色，幼叶叶脉常紫红色，侧脉 10~24 对，纤细，网脉细密。花 2~7 朵簇生去年小枝叶腋，先叶开花或花叶同放。花常下垂，径约 1.5 厘米；花冠 4 深裂，裂片倒卵形；雄蕊 4 长 4 短，花丝基部连合。核果长椭圆形或倒卵形，具 4 翅，肉质，黄绿色，成熟时褐红色。①②③④

báihèténg

白面水鸡，绸缎木叶 **白鹤藤**

Argyreia acuta Lour.

科属：旋花科，银背藤属。

生境：疏林下，或路边灌丛，河边。

花期：8~10 月。

近危种。攀缘灌木。幼枝、叶下面、叶柄、花序梗、花梗及瓣中带均被银白色绢毛。叶卵状椭圆形，基部圆形、微心形或平截。聚伞花序腋生或顶生，花序梗长 3.5~8 厘米；苞片椭圆形或卵圆形。花冠白色，漏斗状，长约 2.8 厘米，5 深裂，裂片长圆形，渐尖；雄蕊稍伸出，花药长圆形。浆果圆形，红色，为增大宿萼所包被。①②③④

báihuālóng

白花龙 扣子柴，响铃子

Styrax faberi Perkins

科属：安息香科，安息香属。

生境：低山区和丘陵地灌丛中。

花期：4~6月。

灌木。叶互生，纸质，椭圆形、倒卵形或长圆状披针形，先端尖，具细锯齿。总状花序有 3~5 朵花，下部常单花腋生。花白色；花萼杯状；花冠裂片膜质，披针形或长圆形。①②

相近种 **栓叶安息香** ***Styrax suberifolius*** Hook. & Arn. 乔木。总状花序或圆锥花序顶生或腋生，花白色，花冠 4~5 裂，裂片披针形或长圆形，花蕾时作镊合状排列③。**芬芳安息香** ***Styrax odoratissimus*** Champ. ex Benth. 小乔木。总状花序或圆锥花序顶生，花白色，裂片椭圆形或倒卵状椭圆形，花蕾时作覆瓦状排列④。

cǎohǎitóng

草海桐

Scaevola taccada (Gaertn.) Roxb.

科属：草海桐科，草海桐属。
生境：开旷的海边沙地或海岸峭壁上。
花期：4~12 月。

直立或铺散灌木，或为小乔木。枝中空。叶螺旋状排列，稍肉质，大多集生分枝顶端，匙形或倒卵形，先端圆钝，平截或微凹，基部楔形，全缘或边缘波状。聚伞花序腋生；花冠白色或淡黄色，花冠筒细长，后方开裂至基部，裂片中间厚，披针形，中上部每边有膜质宽翅。核果卵圆状，白色。①②③

相近种　**小草海桐** ***Scaevola hainanensis*** Hance 花单生叶腋；花冠淡蓝色，极小，后方开裂至基部，其余裂至中部，裂片向一方展开，窄长椭圆形④。

dàguǒhéguǒchá

大果核果茶

Pyrenaria spectabilis

(Champ. ex Benth.) C. Y. Wu & S. X. Yang

科属：山茶科，核果茶属。

生境：山谷、溪边、常绿阔叶林中。

花期：4~6 月。

常绿乔木。幼枝稍被微毛。叶革质，椭圆形或长圆形，先端骤渐尖，基部楔形，下面无毛，侧脉 10~14 对，具细齿。花白色，单生枝顶叶腋，径 5~7 厘米。萼片圆形，厚革质；花瓣 5 枚，倒卵圆形，长 2.5~3.5 厘米，先端凹缺，被绢毛；雄蕊长 1.5 厘米；花柱连合，顶端 3~6 裂。蒴果圆形或椭圆形，径 5~7 厘米，由基部向上 5 爿裂。种子肾形，长 1.5~2 厘米。①②③④

dàyèlùjiǎoténg

大叶鹿角藤

Chonemorpha fragrans (Moon) Alston

科属：夹竹桃科，鹿角藤属。

生境：山地密林中潮湿处，攀缘于树上。

花期：5~7月。

粗壮木质大藤本。除花外全株被粗硬毛。叶纸质，近圆形或宽卵形，先端圆，有短尖头，基部心形。聚伞花序长约12厘米。花萼筒状；花冠白色，花冠筒基部膨大；雄蕊着生花冠筒近基部。蓇葖果双生，长圆状披针形，近木质。①②③

相近种 **海南鹿角藤** ***Chonemorpha splendens*** Chun & Tsiang 聚伞花序总状，具花9~13朵；花萼筒状，花冠淡红色④。

dòulí

豆梨 赤梨，杜梨，鹿梨

Pyrus calleryana Decne.

科属：蔷薇科，梨属。

生境：山坡、平原或山谷杂木林中。

花期：4 月。

乔木。叶宽卵形至卵形，先端渐尖，稀短尖，基部圆形至宽楔形，边缘有钝锯齿，两面无毛；托叶叶质，线状披针形，早落。花 6~12 朵组成伞形总状花序；苞片膜质，线状披针形。被丝托无毛；萼片披针形，全缘；花瓣白色，卵形，基部具短爪；雄蕊稍短于花瓣；花柱基部无毛。梨果圆形，黑褐色，有斑点，萼片脱落；果柄细长。①②③④

hǎimángguǒ

猴欢喜，黄金茄 **海杧果**

海杧果

Cerbera manghas L.

科属：夹竹桃科，海芒果属。

生境：海边或近海边湿润的地方。

花期：3~10 月。

乔木。树皮灰褐色；枝条粗厚，绿色，无毛；全株具丰富乳汁。叶厚纸质，倒卵状长圆形或倒卵状披针形，顶端钝或短渐尖，基部楔形，叶面深绿色，叶背浅绿色；花白色，直径约 5 厘米，芳香；花冠裂片白色，背面左边染淡红色，倒卵状镰刀形，顶端具短尖头；雄蕊着生在花冠筒喉部，花丝短，黄色。核果双生或单个，阔卵形或圆形，未成熟时绿色，成熟时橙黄色。①②③④

kōngxīnpāo

空心泡

Rubus rosifolius Sm.

科属：蔷薇科，悬钩子属。

生境：山地阴处、草坡或高山腐殖质上。

花期：3~5 月。

直立或攀缘灌木。小枝疏生近直立皮刺。小叶 5~7 枚，卵状披针形或披针形，基部圆，有尖锐缺刻状重锯齿。花常 1~2 朵，顶生或腋生。花梗疏生小皮刺；花径 2~3 厘米；花瓣长圆形、长倒卵形或近圆形，白色。果卵圆形或长圆状卵圆形，成熟时红色。①②

相近种　**茅莓** ***Rubus parvifolius*** L. 伞房花序顶生或腋生，具花数朵至多朵；花瓣卵圆形或长圆形，粉红色至紫红色③。**白花悬钩子** ***Rubus leucanthus*** Hance 小叶常 3 枚，革质。花托具短柄或几无柄④。

léngguǒhuā

棱果花

Barthea barthei (Hance ex Benth.) Krasser

科属：野牡丹科，棱果花属。
生境：山地林中或水旁。
花期：1~5 月或 10~12 月。

灌木。小枝微呈四棱形，幼时被微柔毛。叶对生，椭圆形、近圆形、卵形或卵状披针形，先端渐尖，基部楔形，全缘或具细锯齿，基出脉 5 条，外侧两条近边缘，无毛。聚伞花序顶生，具 3 朵花，常仅 1 朵花发育。花萼四棱状钟形；花瓣白色、粉红色或紫红色，长圆状椭圆形或近倒卵形，上部偏斜；雄蕊 8 枚，子房半上位，四棱状。蒴果长圆形，为宿存花萼所包；宿存花萼四棱形，棱上有窄翅。①②③④

mùhé

木荷 何树

Schima superba Gardner & Champ.

科属：山茶科，木荷属。

生境：常绿阔叶林中。

花期：6~8 月。

乔木。幼枝无毛。叶革质，椭圆形，先端尖，或稍钝，基部楔形，具钝齿。花白色，径 3 厘米，生枝顶叶腋，常具花多朵而成总状花序。苞片 2 枚，贴近萼片；萼片半圆形，内面被绢毛；花瓣长 1~1.5 厘米，最外 1 片风帽状。蒴果扁圆形。①②③

相近种 **大头茶** ***Polyspora axillaris*** (Roxb. ex Ker Gawl.) Sweet ex G. Don 花直径 7~10 厘米，白色，花柄极短；苞片 4~5 枚；萼片卵圆形；花瓣 5 枚，最外 1 枚较短，其余 4 枚阔倒卵形或心形，先端凹入④。

mùyóutóng

千年桐，皱果桐 木油桐

Vernicia montana Lour.

科属：大戟科，油桐属。

生境：疏林中。

花期：3~5 月。

落叶乔木。叶宽卵形，先端短尖或渐尖，基部心形或平截，全缘或 2~5 浅裂，老叶下面沿脉被柔毛，掌状脉 5 条。花序生于当年已发叶枝条，雌雄异株或同株异序。萼无毛，2~3 裂，花瓣白色或基部紫红色，有紫红脉纹；雄花雄蕊 8~10 枚，2 轮；雌花子房密被褐色毛。核果卵圆状，具 3 纵棱，有网状皱纹。①②③

相近种 **油桐** ***Vernicia fordii*** (Hemsl.) Airy Shaw 叶多全缘。花瓣白色，有淡红色脉纹，倒卵形，顶端圆形，基部爪状。核果近球状，果皮光滑④。

qīngméi

青梅 海梅，苦香，油楠

Vatica mangachapoi Blanco

科属：龙脑香科，青梅属。

生境：丘陵、坡地林中。

花期：5~7 月。

①

②

③

④

易危种。乔木。具白色芳香树脂。叶革质，全缘，长圆形至长圆状披针形，先端渐尖或短尖，基部圆形或楔形。圆锥花序顶生或腋生，纤细。花萼裂片 5 枚，镊合状排列，卵状披针形或长圆形，花瓣 5 枚，白色，有时为淡黄色或淡红色，芳香，长圆形或线状匙形；雄蕊 15 枚；子房圆形，花柱短，柱头 3 裂。果实圆形，具增大的宿存花萼裂片，其中 2 枚较长。①②③

相近种　坡垒 ***Hopea hainanensis*** Merr. & Chun 花萼裂片覆瓦状排列④。

北清香藤，川清茉莉 清香藤

Jasminum lanceolaria Roxb.

科属：木犀科，茉莉属。
生境：山坡、灌丛、山谷密林中。
花期：4~10月。

大型攀缘灌木。叶对生或近对生，三出复叶，叶柄具沟，小叶片卵形至披针形，先端钝至尾尖，基部圆形或楔形。复聚伞花序常排列成圆锥状，顶生或腋生，有花多朵，密集，花芳香，花萼筒状，果时增大，花冠白色，高脚碟状，花柱异长。果圆形或椭圆形，黑色。①②

相近种 **厚叶素馨** ***Jasminum pentaneurum*** Hand.-Mazz. 单叶，叶片具基出脉3条或5条③。**毛茉莉** ***Jasminum multiflorum*** (Burm. f.) Andrews 单叶，叶片具羽状叶脉④。

qiūqiéshù

秋茄树 浪柴，茄行树，水笔仔

Kandelia obovata Sheue, H. Y. Liu & J. Yong

科属：红树科，秋茄树属。
生境：浅海和河流出口冲积带的盐滩。
花期：全年。

①

②

③

④

灌木或小乔木。具支柱根。枝有膨大的节。叶交互对生，椭圆形、长圆状椭圆形或近倒卵形，先端钝或圆，基部宽楔形，全缘，叶脉不明显。二歧聚伞花序腋生，有花 4~9 朵。花具短梗，盛开时长 1~2 厘米；花萼常 5 深裂；花瓣与花萼裂片同数，白色，2 裂，每一裂片再分裂为数条丝状裂片；雄蕊多数，花丝纤细；子房下位，柱头 3 裂。果圆锥状卵圆形。种子无胚乳，于果实未离母树即萌发；胚轴圆柱形或棒形。①②③④

shānchéng

猴子果，马骝橙藤 **山橙**

Melodinus suaveolens

(Hance) Champ. ex Benth.

科属：夹竹桃科，山橙属。

生境：丘陵或山谷，攀缘于树木或石壁上。

花期：5~11 月。

藤本。除花序疏被柔毛外，全株无毛。叶革质，椭圆形或卵圆形，先端短渐尖，基部楔形或圆形。聚伞花序顶生及腋生。花蕾顶端圆或钝；花芳香；花萼裂片卵圆形，被微毛，先端圆或钝；花冠白色，裂片近圆形、镰刀形，近顶端具缺刻，花冠筒长 1~1.4 厘米；副花冠钟状或筒状，顶端 5 裂，自花冠喉部伸出。浆果圆形。①②③

相近种　**尖山橙** ***Melodinus fusiformis*** Champ. ex Benth. 花冠白色，裂片窄卵圆形或倒卵圆形；副花冠鳞片状，5 枚，伸出，先端 2~3 裂④。

shíbānmù

石斑木

Rhaphiolepis indica (L.) Lindl.

科属：蔷薇科，石斑木属。

生境：山坡、路边或溪边灌木林中。

花期：4 月。

常绿灌木。叶片集生于枝顶，卵形、长圆形，稀倒卵形或长圆披针形，先端圆钝，急尖、渐尖或长尾尖，基部渐狭连于叶柄，边缘具细钝锯齿。顶生圆锥花序或总状花序，总花梗和花梗被锈色绒毛；花瓣 5 枚，白色或淡红色，倒卵形或披针形，先端圆钝；雄蕊 15 枚，与花瓣等长或稍长。果实圆形，紫黑色，果梗短粗。①②③④

tuóluóguǒ

冬瓜木，鸦头梨 **陀螺果**

Melliodendron xylocarpum

Hand.-Mazz.

科属：安息香科，陀螺果属。

生境：山谷、山坡湿润林中。

花期：4~5月。

落叶乔木。幼枝被星状柔毛，老枝无毛。叶纸质，卵状披针形、椭圆形或长椭圆形，先端稍尾尖，基部楔形，有细齿。花单生或2朵并生，生于2年生小枝叶腋，先叶开花或花叶同放。花白色；花冠钟状，5深裂近基部，花冠筒极短，花冠裂片长圆形，两面密被绒毛；雄蕊10枚，花丝线形，花柱线形，柱头头状。果倒卵形、倒圆锥形或倒卵状梨形，木质，不裂，稍具5~10棱。①②③④

yóuchá

油茶

Camellia oleifera Abel

科属：山茶科，山茶属。

生境：海南省原生森林中有野生种群。

花期：12 月至翌年 1 月。

小乔木或灌木状。叶革质，椭圆形或倒卵形，先端钝尖，基部楔形，具细齿。花顶生，苞片及萼片约 10 枚，革质，宽卵形；花瓣白色，5~7 枚，倒卵形，先端凹缺或 2 裂；雄蕊花丝近离生，或具短花丝筒；花柱顶端 3 裂。蒴果圆形。①②③

相近种　**红皮糙果茶** ***Camellia crapnelliana*** Tutcher 花近无梗，苞片 3 枚；萼片 5 枚；花瓣白色，6~8 枚，倒卵形，最外 2 片近离生，萼状④。

猪肚木

猪肚簕

Canthium horridum Blume

科属：茜草科，鱼骨木属。
生境：低海拔山地灌丛中。
花期：4~6月。

灌木。具刺，对生，劲直。小枝被紧贴土黄色柔毛。叶纸质，卵形、椭圆形或长卵形，先端钝、短尖或近渐尖，基部圆或宽楔形，无毛或沿中脉略被柔毛，侧脉2~3对。花单生或数朵簇生叶腋；小苞片杯形。花近无梗；萼筒倒圆锥形，有波状小齿；花冠白色，近瓮形，冠筒长约2毫米，无毛，喉部有髯毛，裂片5枚，长圆形。核果卵形，单生或孪生。①②③④

hǎisāng

海桑

Sonneratia caseolaris (L.) Engl.

科属：千屈菜科，海桑属。

生境：海边泥滩。

花期：冬季。

近危种。乔木。叶形状变异大，宽椭圆形至倒卵形，先端钝尖或圆，基部渐窄并下延至叶柄。萼筒平滑无棱，浅杯状，在果熟时呈浅碟状，裂片平展，通常 6 枚，内面绿色或黄白色，比萼筒长；花瓣线状披针形，暗红色；花丝粉红色或上部白色，下部红色。浆果圆形，基部为宿存萼筒包围，顶端具宿存花柱。①②③

相近种　**无瓣海桑** ***Sonneratia apetala*** Buch.-Ham. 聚伞花序有花 3~7 朵，萼片 4 枚，绿色，花瓣缺，雄蕊多数，花丝白色，柱头盾形④。

lóngzhūguǒ

假苦果，肉果，天仙果 **龙珠果**

Passiflora foetida L.

科属：西番莲科，西番莲属。

生境：草坡路边。

花期：7~8 月。

草质藤本。叶膜质，宽卵形或长圆状卵形，先端尖或渐尖，基部心形，3 浅裂。聚伞花序退化为 1 朵花；花白色或淡紫色；花瓣与萼片近等长；副花冠裂片 3~5 轮；花丝基部合生。浆果卵圆形或圆形。①②

相近种 **西番莲** ***Passiflora caerulea*** L. 叶掌状 5 裂；花瓣淡绿色，外 2 轮副花冠裂片顶端天蓝色，中部白色，下部紫红色③。**鸡蛋果** ***Passiflora edulis*** Sims 叶掌状 3 深裂；花芳香，外副花冠裂片 4~5 轮，外 2 轮裂片丝状，基部淡绿色，中部紫色，顶部白色④。

lúnzhōnghuā

轮钟花 肉算盘，山荸荠

Cyclocodon lancifolius (Roxb.) Kurz

科属：桔梗科，轮钟花属。

生境：林中，灌丛中以及草地中。

花期：7~11 月。

直立或蔓性草本。具乳汁。茎中空，分枝多而长。叶对生，偶有 3 枚轮生的，具短柄，叶片卵形、卵状披针形至披针形，顶端渐尖，边缘具齿。花通常单生或 3 朵组成聚伞花序。花萼贴生至子房下部，相互间远离，丝状或条形，边缘有分枝状细长齿；花冠白色或淡红色，管状钟形，裂片卵形至卵状三角形；雄蕊 5~6 枚，花丝基部宽而成片状。浆果球状，熟时紫黑色。①②③④

光叶白兰花 深山含笑

Michelia maudiae Dunn

科属：木兰科，含笑属。
生境：密林中。
花期：2~3月。

乔木。叶革质，宽椭圆形，先端骤窄，基部楔形、宽楔形或近圆形。花单生枝梢叶腋，芳香；花被片 9 枚，白色，基部稍淡红色，外轮倒卵形，内 2 轮渐窄小，近匙形；雄蕊多数，花丝淡紫色。①②

相近种　阔瓣含笑 ***Michelia cavaleriei*** var. ***platypetala*** (Hand.-Mazz.) N. H. Xia 花被片 9 枚，白色，外轮倒卵状椭圆形或椭圆形，中轮稍狭，内轮狭卵状披针形③。**醉香含笑** ***Michelia macclurei*** Dandy 花被片白色，通常 9 枚，匙状倒卵形或倒披针形，内面的较狭小④。

yěbǎihé

野百合

Lilium brownii F. E. Br. ex Miellez

科属：百合科，百合属。

生境：山坡、灌木林下、溪旁或石缝中。

花期：5~6 月。

多年生草本。鳞茎圆形。茎高达 2 米，有的有紫纹，有的下部有小乳头状突起。叶散生，披针形、窄披针形或线形，全缘，无毛。花单生或几朵成近伞形。苞片披针形，花喇叭形，有香气，乳白色，外面稍紫色，向外张开或先端外弯；外轮花被片宽 2~4.3 厘米，内轮花被片宽 3.4~5 厘米；雄蕊上弯。蒴果，有棱。①②③④

mùlián

木莲

Manglietia fordiana Oliv.

科属：木兰科，木莲属。
生境：花岗岩、沙质岩山地丘陵。
花期：5月。

乔木。叶革质，窄倒卵形至倒披针形，先端稍骤短钝尖，基部楔形，边缘稍内卷。花被片白色，9 枚，每轮 3 枚，外轮近革质，凹入，长圆状椭圆形，内 2 轮稍小，肉质，倒卵形。聚合果褐色，卵圆形。①②

相近种 **海南木莲** ***Manglietia fordiana*** var. ***hainanensis*** (Dandy) N. H. Xia 叶薄革质，边缘波状起伏。外轮 3 枚花被片薄革质，倒卵形，先端浅缺③。**桂南木莲** ***Manglietia conifera*** Dandy 花梗细，弯垂；花被片 9~11 枚，外轮 3 枚绿色，椭圆形，先端圆④。

yèxiāngmùlán

夜香木兰 夜合花

Lirianthe coco (Lour.) N. H. Xia & C. Y. Wu

科属：木兰科，长喙木兰属。

生境：湿润肥沃土壤林下。

花期：夏季。

濒危种。常绿小乔木，或成灌木状。叶革质，倒卵状椭圆形至窄椭圆形，先端长渐尖，基部楔形，边缘稍反卷。花梗向下弯垂，花圆形，夜间极香；花被片 9 枚，肉质，倒卵形，腹面凹，外轮 3 枚带绿色，内 2 轮白色；雄蕊多数。聚合蓇葖果近木质。①②③

相近种 香港木兰 ***Lirianthe championii*** (Benth.) N. H. Xia & C. Y. Wu 花直立，极芳香；花被片 9 枚，外轮 3 枚淡绿色，长圆状椭圆形，内两轮白色，倒卵形，肉质，顶端有时凹缺④。

xǐhànliánzǐcǎo

革命草，水花生 # 喜旱莲子草

Alternanthera philoxeroides
(Mart.) Griseb.

科属：苋科，莲子草属。
生境：在池沼、水沟内。
花期：5~6 月。

多年生草本。茎基部匍匐，具分枝。叶片矩圆形至倒卵状披针形，顶端急尖或圆钝，具短尖，基部渐狭，全缘。花密生，成具总花梗的头状花序，单生在叶腋，圆形；苞片及小苞片白色；花被片矩圆形，白色，光亮，无毛，顶端急尖，背部侧扁；花丝基部连合成杯状；子房倒卵形，具短柄。①②③

相近种　**莲子草** ***Alternanthera sessilis*** (L.) R. Br. ex DC. 头状花序 1~4 个，腋生，无总花梗，初为球形，后渐成圆柱形；花被片卵形，白色；雄蕊 3 枚④。

dēngtáitùrfēng

灯台兔儿风

Ainsliaea macroclinidioides Hayata

科属：菊科，兔儿风属。
生境：山坡、河谷林下或湿润草丛中。
花期：8~11 月。

多年生草本。叶聚生茎上部，宽卵形或卵状披针形，先端短尖，基部圆或浅心形，边缘具齿。头状花序具 3 朵花，单生或聚生，排成总状花序；总苞圆筒形，紫红色。花全两性，花冠管状。瘦果近圆柱形；冠毛污白色。①②

相近种　**纤枝兔儿风** ***Ainsliaea gracilis*** Franch. 叶聚生茎上部，叶背面紫红色或淡蓝色。花白色，花冠管状③。**杏香兔儿风** ***Ainsliaea fragrans*** Champ. ex Benth. 叶聚生于茎基部，呈莲座状。花白色，开放时具杏仁香气④。

fēngxiāngshù

马烟树，水杨梅 **风箱树**

Cephalanthus tetrandrus

(Roxb.) Ridsdale & Bakh. f.

科属：茜草科，风箱树属。
生境：喜生于略阴蔽的水沟旁或溪畔。
花期：春末夏初。

灌木或小乔木。幼枝被柔毛，老枝无毛。叶近革质，卵形或卵状披针形，先端短尖或渐尖，基部圆形或近心形。头状花序，径 0.8~1.2 厘米。萼筒被柔毛，萼裂片 4 枚，边缘裂口处常有黑色腺体；花冠白色，冠筒外面无毛，内面有柔毛，裂片长圆形，裂口处常有黑色腺体。果序径 1~2 厘米；坚果，具宿萼。种子褐色。①②③④

guǐzhēncǎo

鬼针草 三叶鬼针草，一包针

Bidens pilosa L.

科属：菊科，鬼针草属。

生境：村旁、路边及荒地中。

花期：全年。

一年生草本。茎下部叶3裂或不裂，花前枯萎；中部叶柄无翅，小叶3枚，两侧小叶椭圆形或卵状椭圆形，具短柄，有锯齿，顶生小叶长椭圆形或卵状长圆形，有锯齿；上部叶3裂或不裂，线状披针形。头状花序；外层总苞片7~8枚，线状匙形，草质。舌状花5~8朵或缺失，白色至粉红色；盘花筒状，冠檐5齿裂。瘦果熟时黑色，线形，具棱，顶端芒刺3~4个，具倒刺毛。①②③④

yíngshù

楹树

Albizia chinensis (Osbeck) Merr.

科属：豆科，合欢属。
生境：林中、旷野、谷地、河溪边等处。
花期：3~5 月。

落叶乔木。二回羽状复叶，羽片 6~12 对，小叶 20~40 对，无柄，长椭圆形，先端渐尖，基部近截平。头状花序有花 10~20 朵，生于长短不同的总花梗上，再排成顶生的圆锥花序；花绿白色或淡黄色；花萼漏斗状；花冠长约为花萼的 2 倍，裂片卵状三角形。荚果扁平。①②③

相近种　山槐 ***Albizia kalkora*** (Roxb.) Prain 头状花序 2~7 个生于叶腋或于枝顶排成圆锥花序。花初时白色，后变黄色；雄蕊基部连合呈管状④。

yǔmángjú

羽芒菊

Tridax procumbens L.

科属：菊科，羽芒菊属。
生境：旷野、荒地、坡地或路旁阳处。
花期：11 月至翌年 3 月。

多年生铺地草本。被倒向糙毛或脱毛。中部叶披针形或卵状披针形，边缘有粗齿和细齿，基部渐窄或近楔形，上部叶卵状披针形或窄披针形。头状花序少数，径 1~1.4 厘米，单生茎、枝顶端，花序梗长 10~30 厘米，被白色疏毛；总苞钟形。雌花 1 层，舌状，舌片长圆形，先端 2~3 浅裂；两性花多数，花冠管状，被柔毛。瘦果陀螺形或倒圆锥形，密被疏毛；冠毛上部污白色，下部黄褐色。①②③④

shuǐtuánhuā

水团花

假马烟树，水杨梅

Adina pilulifera (Lam.) Franch. ex Drake

科属：茜草科，水团花属。

生境：山谷疏林下或旷野路旁、溪边水畔。

花期：6~7 月。

①

②

③

④

常绿灌木或小乔木。叶对生，厚纸质，椭圆形至倒卵状披针形，先端短尖或渐尖，基部楔形。头状花序腋生，稀顶生；花序轴单生，不分枝；小苞片线形或线状棒形，无毛；花序梗长中部以下有轮生小苞片 5 枚。萼筒被毛，萼裂片线状长圆形或匙形；花冠白色，窄漏斗状，冠筒裂片卵状长圆形。①②③

相近种　细叶水团花 ***Adina rubella*** Hance 叶无柄。头状花序顶生或兼有腋生，花冠裂片三角状，紫红色④。

guāngjiáhánxiūcǎo

光荚含羞草

Mimosa bimucronata (DC.) Kuntze

科属：豆科，含羞草属。

生境：逸生于疏林下。

花期：6~10月。

落叶灌木或小乔木。小枝无刺。二回羽状复叶，羽片6~7对，叶轴无刺，小叶12~16对，线形，革质，先端具小尖头。头状花序圆形；花白色；花萼杯状，极小；花瓣长圆形，仅基部连合；雄蕊8枚。荚果带状，劲直，褐色。①②③

相近种　**银合欢** *Leucaena leucocephala* (Lam.) de Wit 头状花序通常1~2个腋生，花白色，花瓣狭倒披针形，雄蕊10枚④。

báihuīmáodòu

短萼灰叶 # 白灰毛豆

Tephrosia candida DC.

科属：豆科，灰毛豆属。

生境：栽培，并逸生于草地、旷野、山坡。

花期：10~11月。

灌木状草本。茎木质化，具纵棱。羽状复叶，小叶17~25枚，线状长圆形。总状花序顶生或腋生，花多，排列疏松。花萼宽钟形，萼齿短而钝，密被白色茸毛；花冠白色，旗瓣近圆形，外被白色绢毛，翼瓣与龙骨瓣均短于旗瓣。荚果直，线形，先端尖，喙直。①②③

相近种　**灰毛豆** ***Tephrosia purpurea*** (L.) Pers. 花冠淡紫色，旗瓣扁圆形，翼瓣长椭圆状倒卵形，龙骨瓣近半圆形④。

fěnyèyángtíjiǎ

粉叶羊蹄甲 拟粉叶羊蹄甲

Bauhinia glauca (Benth.) Benth.

科属：豆科，羊蹄甲属。
生境：山坡或山谷林中或灌丛中。
花期：4~6月。

木质藤本。叶近圆形，先端2裂达中部或中下部，裂片卵形，先端圆钝，基部宽心形或平截；基出脉9~11条。伞房状总状花序顶生或与叶对生。花瓣白色，倒卵形，近相等，具长瓣柄；能育雄蕊3枚，退化雄蕊5~7枚。荚果带状，不开裂。①②

相近种　**龙须藤** ***Bauhinia championii*** (Benth.) Benth. 萼片合生，萼顶部截平或具裂齿；花盘通常肥厚，肉质③。**首冠藤** ***Bauhinia corymbosa*** Roxb. 叶有基出脉7条；萼片分离或黏合，花盘不肥厚④。

kuānyèshíwàncuò

宽叶十万错

Asystasia gangetica (L.) T. Anderson

科属：爵床科，十万错属。

生境：林缘或路旁。

花期：9~12 月。

多年生草本。叶椭圆形，基部急尖、钝、圆形或近心形，几全缘，两面稀疏被短毛。总状花序顶生，花序轴 4 棱，花偏向一侧。苞片对生；花萼 5 深裂，仅基部结合。花冠短，约长 2.5 厘米，白色，略两唇形；花冠管基部圆柱状；上唇 2 裂，裂片三角状卵形；下唇 3 裂，裂片长卵形至椭圆形，中裂片两侧自喉部向下有 2 条褶襞直至花冠筒下部，褶襞密被白色柔毛，并有紫红色斑点；雄蕊 4 枚。蒴果长 3 厘米。①②③④

xiánglóngcǎo

降龙草 白观音扇，半蒴苣苔

Hemiboea subcapitata C. B. Clarke

科属：苦苣苔科，半蒴苣苔属。

生境：山谷林下或沟边阴湿处。

花期：8~10月。

多年生草本。茎具4~8节，不分枝，肉质，散生紫斑。叶对生，叶片椭圆形或倒卵状椭圆形，顶端急尖或渐尖，基部下延，全缘或有波状浅钝齿，稍肉质，上面深绿色，背面淡绿色或带紫色；叶柄具翅，翅合生成船形。聚伞花序假顶生或腋生，具3~10余朵花，具花序梗；总苞圆形，顶端具尖头，淡绿色，开放后呈船形。花冠白色，具紫色斑点。蒴果线状披针形，多少弯曲。①②③④

hǎinánzuànhuìlán

海南钻喙兰

Rhynchostylis gigantea (Lindl.) Ridl.

科属：兰科，钻喙兰属。
生境：山地疏林中树干上。
花期：1~4 月。

①

②

③

④

濒危种。附生草本。根肥厚。茎直立，粗壮，具多数 2 列的叶，被宿存的叶鞘所包。叶肉质，宽带状，外弯，先端钝，基部具抱茎的鞘。花序腋生，下垂，2~4 个；花白色带紫红色斑点，质地较厚；萼片近相似，椭圆状长圆形；花瓣长圆形，比萼片小；唇瓣肉质，深紫红色，基部具一对脊突；侧裂片圆形，直立，中裂片比侧裂片小得多。蒴果倒卵形。①②③

相近种　**钻喙兰** ***Rhynchostylis retusa*** (L.) Blume 花较小，唇瓣不明显 3 裂，距囊状，两侧压扁，蕊柱足明显④。

jīnxiànlán

金线兰 花叶开唇兰

Anoectochilus roxburghii (Wall.) Lindl.

科属：兰科，金线兰属。

生境：常绿阔叶林下或沟谷阴湿处。

花期：9~11 月。

濒危种。地生草本。茎具 2~4 枚叶。叶卵圆形或卵形，上面暗紫色或黑紫色，具金红色脉网，下面淡紫红色，基部近平截或圆；叶柄基部鞘状抱茎。花序具 2~6 朵花。苞片淡红色，卵状披针形或披针形；花白色或淡红色，萼片被柔毛，中萼片卵形，舟状，与花瓣粘贴呈兜状，侧萼片张开，近斜长圆形或长圆状椭圆形；花瓣近镰状，斜歪，较萼片薄；唇瓣位于上方，呈“Y”字形，前部 2 裂，裂片近长圆形或近楔状长圆形，两侧各具 6~8 条流苏状细裂条。①②③④

méiguīsùbāolán

玫瑰宿苞兰

Cryptochilus roseus
(Lindl.) S. C. Chen & J. J. Wood

科属：兰科，宿苞兰属。
生境：密林中，附生于树干或岩石上。
花期：1~2 月。

附生草本。假鳞茎密集，顶生 1 枚叶。叶厚革质，披针形或长圆状披针形。花序生于假鳞茎顶端，疏生数朵花；花白色或淡红色；花瓣近菱形，唇瓣倒卵状椭圆形或近卵形，3 裂，中裂片近匙形或近方形；唇盘有 2~3 条肥厚褶片及 7 条细褶片。①②

相近种　**半柱毛兰** ***Eria corneri*** Rchb. f. 花序、萼片背面及子房密被白色绵毛，花瓣线形③。**白绵绒兰** ***Dendrolirium lasiopetalum*** (Willd.) S. C. Chen & J. J. Wood 花白色或略带黄色，花瓣线状披针形，唇瓣卵形④。

měihuāshíhú

美花石斛 粉花石斛

Dendrobium loddigesii Rolfe

科属：兰科，石斛属。

生境：山地林中树干上或林下岩石上。

花期：4~5月。

易危种。附生草本。叶2列，互生于茎上，舌形或长圆状披针形。花白色或淡紫红色，每束1~2朵花。中萼片卵状长圆形，侧萼片与中萼片相似，基部歪斜；花瓣椭圆形，与萼片等长稍宽；唇瓣近圆形，上面中央金黄色，周边淡紫红色。①②

相近种 **黑毛石斛** ***Dendrobium williamsonii*** Day & Rchb. f. 花开展，淡黄色或白色，唇瓣淡黄色或白色，带橘红色的唇盘③。**细茎石斛** ***Dendrobium moniliforme*** (L.) Sw. 花黄绿色、白色或白色带淡紫红色④。

密花石豆兰

Bulbophyllum odoratissimum
(Sm.) Lindl.

科属：兰科，石豆兰属。
生境：混交林中树干上或山谷岩石上。
花期：4~8月。

附生草本。根状茎分枝。假鳞茎疏生，近圆柱形，直立，顶生1枚叶。叶长圆形，先端凹缺。花葶生于假鳞茎基部，总状花序呈伞形，常下垂，密生10余朵花。花白色；萼片离生，质较厚，披针形，两侧内卷成筒状；花瓣近卵形，唇瓣橘红色，肉质，舌形。①②

相近种　**芳香石豆兰** ***Bulbophyllum ambrosia*** (Hance) Schltr. 花单朵顶生，多少低垂，淡黄色带紫色③。**广东石豆兰** ***Bulbophyllum kwangtungense*** Schltr. 总状花序缩短呈伞状，具2~7朵花，花白色或淡黄色④。

xiànzhùlán

线柱兰 细叶线柱兰

Zeuxine strateumatica (L.) Schltr.

科属：兰科，线柱兰属。

生境：沟边或河边的潮湿草地。

花期：春夏。

地生草本。根状茎短。茎淡棕色，具多叶。叶淡褐色，无柄，具鞘抱茎，叶线形或线状披针形，有时均苞片状。总状花序几无花序梗，密生几朵至 20 余朵花，长 2~5 厘米。苞片卵状披针形，红褐色，长于花；花白色或黄白色；中萼片窄卵状长圆形，凹入，侧萼片斜长圆形，花瓣歪斜，半卵形或近镰状，与中萼片等长；唇瓣淡黄色或黄色，肉质或较薄，舟状。蒴果椭圆形，淡褐色。①②③④

yíndàixiājǐlán

银带虾脊兰

Calanthe argenteostriata

C. Z. Tang & S. J. Cheng

科属：兰科，虾脊兰属。

生境：山坡林下的石隙或覆土的石灰岩上。

花期：4~5 月。

地生草本。假鳞茎粗短，近圆锥形。叶椭圆形或卵状披针形，先端急尖。总状花序具 10 余朵花；萼片和花瓣黄绿色；中萼片及侧萼片宽卵状椭圆形，具 5 条脉；花瓣近匙形或倒卵形，先端近截形并具短凸；唇瓣白色，3 裂；侧裂片近斧头状；中裂片深 2 裂。①②

相近种　**三褶虾脊兰** ***Calanthe triplicata*** (Willemet) Ames 花白色或偶见淡紫红色，花瓣倒卵状披针形③。**三棱虾脊兰** ***Calanthe tricarinata*** Lindl. 萼片和花瓣浅黄色，花瓣倒卵状披针形，唇瓣红褐色④。

jiānghuā

姜花 白草果，蝴蝶花

Hedychium coronarium J. Konig

科属：姜科，姜花属。

生境：林中或栽培。

花期：8~12 月。

多年生草本。叶长圆状披针形或披针形，先端长渐尖，基部尖，上面光滑，下面被柔毛。穗状花序顶生，椭圆形；苞片覆瓦状排列，紧密，卵圆形，每苞片有 2~3 朵花。花白色；花冠管纤细，裂片披针形；侧生退化雄蕊长圆状披针形；唇瓣倒心形，白色，基部稍黄，先端 2 裂。①②③

相近种 **红姜花** ***Hedychium coccineum*** Sm. 穗状花序稠密；苞片革质，内有花 3 朵；花红色；花冠管裂片线形，反折；侧生退化雄蕊披针形，唇瓣圆形，深 2 裂，基部具瓣柄④。

bìqiàojiāng

老妈妈拐棍，水蕉花 # 闭鞘姜

Costus speciosus (J. König) Sm.

科属：闭鞘姜科，闭鞘姜属。

生境：疏林、阴湿地、草丛、荒坡等处。

花期：7~9 月。

多年生草本。茎基部近木质，顶部常分枝，旋卷。叶长圆形或披针形，先端渐尖或尾尖，基部近圆，下面密被绢毛。穗状花序顶生，椭圆形或卵圆形；苞片卵形，革质，红色。花萼革质，红色；花冠管裂片长圆状椭圆形，白色或顶部红色；唇瓣宽喇叭形，白色，长 6.5~9 厘米，先端具裂齿及皱波状；雄蕊花瓣状，上面被柔毛，白色，基部橙黄色。蒴果稍木质，成熟时红色，顶端有宿存花萼。①②③④

dàwěiyáo

大尾摇

Heliotropium indicum L.

科属：紫草科，天芥菜属。

生境：丘陵、路边、河沿及荒草地。

花期：4~10 月。

一年生草本。茎粗壮，被开展糙硬毛。叶宽卵形或卵状椭圆形，先端短尖，基部近圆下延至叶柄，叶缘微波状，两面被糙伏毛，疏生长硬毛，侧脉 5~6 对。镰状聚伞花序穗状，长 10~15 厘米。花萼裂片披针形，被毛；花冠淡蓝色或蓝紫色，长 3~4 毫米，冠檐径 2~2.5 毫米，裂片近圆形，皱波状；雄蕊生于花冠筒近基部；子房无毛，柱头烛台状。核果近无毛，具微棱。①②③④

huáshānjiāng

华山姜

Alpinia oblongifolia Hayata

科属：姜科，山姜属。
生境：林阴下常见草本。
花期：5~7 月。

多年生草本。叶披针形或卵状披针形，顶端渐尖，基部渐狭；叶舌膜质，2 裂。狭圆锥花序，分枝短，其上有花 2~4 朵；花白色，萼管状，顶端具 3 枚齿；花冠管略超出，花冠裂片长圆形，后方的 1 枚稍较大，兜状；唇瓣卵形，顶端微凹，侧生退化雄蕊 2 枚，钻状。果圆形。①②③

相近种　**红豆蔻** ***Alpinia galanga*** (L.) Willd. 圆锥花序密生多花，花绿白色，有异味；花冠管裂片长圆形；侧生退化雄蕊细齿状至线形，紫色；唇瓣倒卵状匙形，白色而有红线条，深 2 裂④。

huìjiáyúnshí

喙荚云实 南蛇簕

Caesalpinia minax Hance

科属：豆科，云实属。

生境：山沟、溪旁或灌丛中。

花期：4~5 月。

有刺藤本。二回羽状复叶，羽片 5~8 对，小叶 6~12 对，对生，椭圆形或长圆形，先端圆钝或急尖，基部圆，微偏斜。总状花序或圆锥花序顶生；苞片卵状披针形，先端短渐尖；萼片 5 枚；花瓣 5 枚，白色，有紫红色斑点，倒卵形，先端圆钝，基部靠合；雄蕊 10 枚；子房密生细刺。荚果长圆形，顶端圆钝，有缘，果瓣密生针状刺。①②③

相近种 刺果苏木 *Caesalpinia bonduc* (L.) Roxb. 总状花序腋生；苞片锥状；花瓣黄色，最上面 1 片有红色斑点，倒披针形④。

jiānghuáng

郁金 # 姜黄

Curcuma longa L.

科属：姜科，姜黄属。
生境：栽培，喜生于向阳的地方。
花期：8月。

①

②

③

④

多年生草本。根茎发达，成丛，椭圆形或圆柱形，内部橙黄色，极香；根末端呈块状。叶5~7枚，长圆形或椭圆形，先端短渐尖，基部渐窄，绿色。花葶由顶部叶鞘内抽出，穗状花序圆柱形；花萼白色；花冠淡黄色，裂片三角形；唇瓣倒卵形，淡黄色，中部深黄。①②

相近种　**莪术** ***Curcuma phaeocaulis*** Valeton 穗状花序阔椭圆形；花冠管裂片长圆形，黄色③。**郁金** ***Curcuma aromatica*** Salisb. 花葶单独由根茎抽出；花冠管漏斗形，裂片长圆形，白色而带粉红④。

luòkuíshǔ

落葵薯 马德拉藤，藤三七

Anredera cordifolia (Ten.) Steenis

科属：落葵科，落葵薯属。

生境：栽培或自生。

花期：6~10 月。

缠绕藤本。根状茎粗壮。叶具短柄，叶片卵形至近圆形顶端急尖，基部圆形或心形，稍肉质。总状花序具多花，花序轴纤细，下垂；苞片狭，不超过花梗长度，宿存；花直径约 5 毫米；花被片白色，渐变黑，开花时张开，卵形、长圆形至椭圆形，顶端钝圆；雄蕊白色，花丝顶端在芽中反折，开花时伸出花外；花柱白色。①②③④

shíluómó

石萝藦

凤尾草，水杨柳

Pentasachme caudatum Wall. ex Wight

科属：萝藦科，石萝藦属。
生境：丘陵、山地疏林下或溪边、石缝中。
花期：4~10月。

1

2

3

4

多年生直立草本。通常不分枝，无毛。叶膜质，狭披针形，顶端长尖，基部急尖；中脉两面凸起，侧脉不明显。伞形状聚伞花序腋生，比叶为短，着花4~8朵；花冠白色，裂片狭披针形，远比花冠筒长，基部略宽；副花冠成5鳞片，顶端具细齿，与花冠裂片互生；子房无毛，柱头盘状五角形，顶端2裂。蓇葖果双生，圆柱状披针形，无毛；种子小，顶端具白色绢质种毛。①②③④

shòucǎo

绶草

Spiranthes sinensis (Pers.) Ames

科属：兰科，绶草属。
生境：林地、灌丛、草地或河滩沼泽中。
花期：7~8 月。

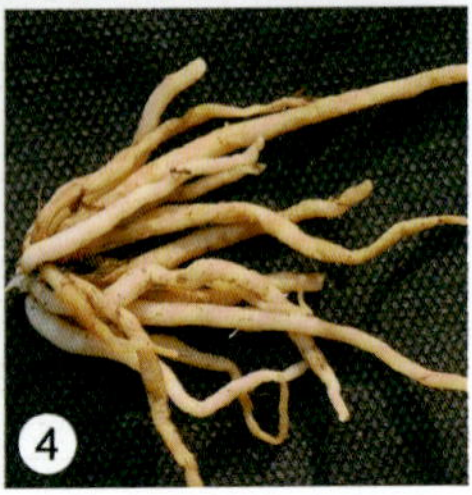

地生草本。茎较短，近基部生 2~5 枚叶。叶片宽线形或宽线状披针形，极罕为狭长圆形，直立伸展，先端急尖或渐尖，基部收狭具柄状抱茎的鞘。花茎直立；总状花序具多数密生的花，呈螺旋状扭转；花苞片卵状披针形；子房纺锤形，扭转；花小，紫红色、粉红色或白色，在花序轴上呈螺旋状排列生长；萼片下部靠合，中萼片狭长圆形，舟状，与花瓣靠合呈兜状；侧萼片偏斜，披针形，先端稍尖；花瓣斜菱状长圆形，先端钝；唇瓣宽长圆形，基部凹陷呈浅囊状。①②③④

shǔcì

老鼠刺，中国拟铁 **鼠刺**

Itea chinensis Hook. & Arn.

科属：虎耳草科，鼠刺属。
生境：山地、山谷、疏林、路边及溪边。
花期：3~5 月。

灌木或小乔木。叶薄革质，倒卵形或卵状椭圆形，先端尖，基部楔形，边缘上部具不明显圆齿状小锯齿，波状或近全缘，侧脉 4~5 对，两面无毛。腋生总状花序，通常短于叶，长 3~9 厘米，单生或 2~3 束生，直立；花序轴及花梗被短柔毛；花多数，2~3 朵簇生，稀单生；花瓣白色，披针形，花时直立；雄蕊与花瓣近等长或稍长于花瓣；子房上位，被密长柔毛。蒴果长圆状披针形。①②③④

wǔlièmù

五列木

Pentaphylax euryoides Gardner & Champ.

科属：五列木科，五列木属。

生境：密林中。

花期：6月。

常绿乔木或灌木。小枝灰褐色，无毛。叶革质，卵状长圆形或长圆状披针形，先端尾状渐尖，基部圆或宽楔形，边缘稍反卷，无毛。总状花序长 4~7 厘米，无毛或疏被微柔毛；花瓣白色，长圆状披针形或倒披针形，长 4~5 毫米；雄蕊的花丝长圆形，花药小；柱头 5 裂。蒴果椭圆状，基部具宿存萼片，成熟后沿室背中肋 5 裂。种子长圆状，红棕色，先端极压扁或呈翅状。①②③④

xuèyèlán

异色血叶兰 # 血叶兰

Ludisia discolor (Ker Gawl.) Blume

科属：兰科，血叶兰属。

生境：山坡或沟谷常绿阔叶林下阴湿处。

花期：2~4 月。

地生草本。茎近基部具 2~4 枚叶。叶卵形或卵状长圆形，肉质，上面墨绿色，具 5 条金红色有光泽的脉，下面淡红色；叶柄下部鞘状抱茎。花序具几朵至 10 余朵花，花序轴被柔毛。苞片卵形或卵状披针形，带淡红色，膜质；花白色或带淡红色，径约 7 毫米；中萼片卵状椭圆形，舟状，侧萼片斜卵形或近椭圆形；花瓣近半卵形，唇瓣下部与蕊柱的下部合生成筒，唇瓣基部囊 2 浅裂。①②③④

chángbǐngdùruò

长柄杜若

Pollia siamensis (Craib) Faden ex D. Y. Hong

科属：鸭跖草科，杜若属。

生境：山谷林下或湿润沙土上。

花期：4~8 月。

多年生草本。具长而横走的根状茎。茎直立或上升，下部节间长而叶疏，上部短而叶密集；叶柄十分明显；叶片椭圆形至长卵形，顶端渐尖，基部楔形。圆锥花序单枝顶生，通常与上部叶子等长；蝎尾状聚伞花序多支，通常在花序总轴上互生，有时部分轮生；花瓣白色，卵状椭圆形，舟状浅凹；雄蕊 3 枚能育，中间 1 枚对瓣，其余 2 枚对萼，不育雄蕊 3 枚，具较短的花丝和小而空瘪的花药。果成熟时黑色，圆球状。①②③④

huánánrěndōng

大金银花，黄鳝花 **华南忍冬**

Lonicera confusa DC.

科属：忍冬科，忍冬属。
生境：丘陵地或平原。
花期：4~5 月和 9~10 月。

半常绿藤本。叶近卵形。花有香味，双花腋生或于小枝或侧生短枝顶集成具 2~4 节的短总状花序；花冠白色，后黄色，唇形，唇瓣稍短于冠筒；雄蕊和花柱均伸出。果熟时黑色，椭圆形或近圆形。①②

相近种 **长花忍冬** ***Lonicera longiflora*** (Lindl.) DC. 双花常集生于小枝；花冠白色，后变黄色，唇形，唇瓣长约为筒的 1/2 ③。**大花忍冬** ***Lonicera macrantha*** (D. Don) Spreng. 双花腋生，常于小枝梢密集成多节伞房状花序；雄蕊和花柱稍长于花冠④。

shíxiāntáo

石仙桃

Pholidota chinensis Lindl.

科属：兰科，石仙桃属。

生境：林中或林缘树上或岩石上。

花期：4~5 月。

附生草本。假鳞茎顶生叶 2 枚，倒卵状椭圆形或近长圆形，具 3 脉。花序具数朵至 20 余朵花。花白色或带淡黄色；中萼片卵状椭圆形；花瓣披针形，唇瓣近宽卵形，略 3 裂，侧裂片半圆形，中裂片卵圆形。蒴果倒卵状椭圆形。①②

相近种　**细叶石仙桃** ***Pholidota cantonensis*** Rolfe 花小，白色或淡黄色，花瓣宽卵状菱形或宽卵形，唇瓣成舟状③。**云南石仙桃** ***Pholidota yunnanensis*** Rolfe 花白色或浅肉色，花瓣宽卵状椭圆形或卵状长圆形，唇瓣近基部稍缢缩并凹陷成囊④。

yìzhì

益智

Alpinia oxyphylla Miq.

科属：姜科，山姜属。

生境：林下阴湿处或栽培。

花期：3~5月。

多年生草本。叶披针形，先端尾尖，基部近圆形；叶柄短，叶舌膜质，2裂。总状花序花蕾时全包于帽状总苞片中，花时整个脱落；花萼筒状；花冠管裂片长圆形，白色；侧生退化雄蕊钻状；唇瓣倒卵形，粉白色，具红色脉纹，先端边缘皱波状。蒴果干时纺锤形。①②

相近种　高良姜 ***Alpinia officinarum*** Hance 叶片线形，基部渐狭，叶舌不2裂；果干时球形，果皮上无显露的维管束③。山姜 ***Alpinia japonica*** (Thunb.) Miq. 叶舌较短，长5毫米以下，质地较厚④。

huǒtànmǔ

火炭母

Polygonum chinense L.

科属：蓼科，蓼属。

生境：山谷湿地、山坡草地。

花期：7~9 月。

多年生草本。茎直立，多分枝。叶卵形或长卵形，先端渐尖，基部平截或宽心形；下部叶叶柄基部常具叶耳，上部叶近无柄或抱茎，托叶鞘膜质，偏斜。头状花序常数个组成圆锥状。花被 5 深裂，白色或淡红色，花被片卵形，果时增大；雄蕊 8 枚；花柱 3 个。①②③

相近种　**杠板归** ***Polygonum perfoliatum*** L. 茎攀缘，具稀疏的倒生皮刺。托叶鞘叶状，穿叶。总状花序呈短穗状，顶生或腋生。花被 5 深裂，白绿色。瘦果深蓝色④。

chóngbànchòumòlì

重瓣臭茉莉

Clerodendrum chinense (Osbeck) Mabb.

科属：马鞭草科，大青属。
生境：栽培或自生。
花期：5~11 月。

灌木。小枝钝四棱形或近圆形。叶片宽卵形或近心形，顶端渐尖，基部截形至浅心形，边缘疏生粗齿，叶片揉之有臭味。伞房状聚伞花序紧密，顶生；苞片披针形；花萼钟状；花冠红色至白色，有香味，花冠管短，裂片卵圆形，雄蕊常变成花瓣而使花成重瓣。①②

相近种　**臭牡丹** ***Clerodendrum bungei*** Steud. 花冠淡红色、红色或紫红色，裂片倒卵形③。**垂茉莉** ***Clerodendrum wallichii*** Merr. 圆锥状聚伞花序下垂，苞片钻形；花萼裂片果时鲜红色或紫红色，花冠白色④。

guǎngzhōushégēncǎo

广州蛇根草

Ophiorrhiza cantonensis Hance

科属：茜草科，蛇根草属。

生境：密林下沟谷边。

花期：冬春。

草本或亚灌木。叶片纸质，长圆状椭圆形或披针形，顶端渐尖或骤然渐尖，基部楔形或渐狭，全缘。圆锥状或伞房状花序顶生，通常极多花，疏松；花冠白色或微红色，近管状，喉部稍扩大，裂片 5 枚，盛开时反折；雄蕊 5 枚；花柱与冠管近等长。蒴果僧帽状。①②

相近种　**日本蛇根草** ***Ophiorrhiza japonica*** Blume 叶通常卵形，较小；长柱花的柱头和短柱花的花药均不露出花冠管口之外③。**短小蛇根草** ***Ophiorrhiza pumila*** Champ. ex Benth. 小苞片小而早落或无小苞片④。

hǎinánlóngchuánhuā

海南龙船花

Ixora hainanensis Merr.

科属：茜草科，龙船花属。
生境：密林溪旁或林谷湿润处。
花期：5~11 月。

灌木。叶纸质，长圆形，先端钝圆，基部楔形或稍圆。三歧伞房聚伞花序，花芳香；有苞片和小苞片；花萼裂片与萼筒等长或略短；花冠白色，筒状，裂片长圆形；花药伸出。果圆形，熟时红色。①②③

相近种　**白花龙船花** ***Ixora henryi*** H. Lév. 三歧伞房式的聚伞花序顶生，多花，萼檐裂片短于萼管；花冠白色，盛开时冠管长 2.5~3 厘米，纤细，顶部 4 裂，裂片长圆形④。

huīmáodàqīng

灰毛大青 六灯笼，狮子球

Clerodendrum canescens Wall. ex Walp.

科属：马鞭草科，大青属。

生境：山坡路边或疏林中。

花期：4~10月。

①

②

③

④

灌木。叶心形或宽卵形，先端渐尖，基部心形或近平截，具齿。聚伞花序密集成头状，通常2~5枝生于枝顶；花萼由绿色变红色，钟状，宿存；花冠白色或淡红色，花冠管纤细，裂片倒卵状长圆形；雄蕊4枚，与花柱均伸出花冠外。核果成熟时深蓝色或黑色。①②

相近种 **大青** ***Clerodendrum cyrtophyllum*** Turcz. 伞房状聚伞花序顶生或腋生，具10朵花以上③。**白花灯笼** ***Clerodendrum fortunatum*** L. 聚伞花序腋生，具花3~9朵；花萼红紫色④。

jìmù

檵木

Loropetalum chinense (R. Br.) Oliv.

科属：金缕梅科，檵木属。

生境：向阳丘陵、山地或马尾松及杉林下。

花期：3~4 月。

灌木，有时为小乔木。叶革质，卵形，先端尖锐，基部钝，不等侧，全缘。花 3~8 朵簇生，有短花梗，白色，比新叶先开放，或与嫩叶同时开放；萼筒杯状，萼齿卵形；花瓣 4 枚，带状，先端圆或钝；雄蕊 4 枚，花丝极短；退化雄蕊 4 枚，鳞片状，与雄蕊互生；子房完全下位，花柱极短。蒴果卵圆形，先端圆。①②③④

nánfāngjiámí

南方荚蒾 东南荚蒾

Viburnum fordiae Hance

科属：五福花科，荚蒾属。

生境：溪涧旁疏林、灌丛或平原旷野。

花期：4~5 月。

灌木或小乔木。叶纸质，宽卵形或菱状卵形，基部圆形至截形，边缘基部除外常有小尖齿。复伞形聚伞花序顶生；花冠白色，辐状，裂片卵形，比筒长；雄蕊与花冠等长或略超出。果实红色，卵圆形。①②

相近种 **蝶花荚蒾** ***Viburnum hanceanum*** Maxim. 聚伞花序外围有 2~5 朵白色、大型不孕花，不整齐 4~5 裂，可孕花黄白色，辐状③。**珊瑚树** ***Viburnum odoratissimum*** Ker Gawl. 圆锥花序顶生或生于侧生短枝上，花芳香，花冠白色，后变黄白色，有时微红色，辐状④。

pútáo

蒲桃

Syzygium jambos (L.) Alston

科属：桃金娘科，蒲桃属。
生境：喜生河边及河谷湿地。
花期：3~4 月。

乔木。主干短，多分枝。幼枝圆柱形。叶披针形或长圆形，先端长渐尖，基部宽楔形。聚伞花序顶生，有花数朵；花蕾梨形，顶端圆；花绿白色；萼筒倒锥形，萼齿 4 枚，肉质，半圆形，宿存；花瓣 4 枚，分离，倒卵形花柱与雄蕊等长。果圆形，果皮肉质，成熟时黄色。①②③

相近种　**乌墨** ***Syzygium cumini*** (L.) Skeels 圆锥花序腋生，长可达 11 厘米，花 3~5 朵簇生。花瓣 4 枚，分离，卵圆形。果卵圆形，熟时黑色④。

qiúlán

球兰 肺炎草，玉叠梅

Hoya carnosa (L. f.) R. Br.

科属：萝藦科，球兰属。

生境：平原或山地，附生于树上或石上。

花期：4~11 月。

攀缘灌木。叶肉质，卵状长圆形或椭圆形，基部圆形或楔形。聚伞花序伞状，腋外生，花多达 30 朵，具长花序梗。花梗显著；花冠白色，有时中心粉红色，辐状，裂片三角形，先端反折；副花冠裂片星状开展，外角尖，中脊隆起，边缘反折，内角尖，内弯至花药。①②③

相近种 **蜂出巢** ***Hoya multiflora*** Blume 伞形状聚伞花序腋外生或顶生，向下弯；花冠黄白色，5 深裂，开放后强烈反折；副花冠 5 裂，裂片披针形，其基部延生角状长距，成星状射出④。

suōluóshù

梭罗树

Reevesia pubescens Mast.

科属：梧桐科，梭罗树属。
生境：山坡上或山谷疏林中。
花期：5~6 月。

乔木。树皮灰褐色，有纵裂纹；小枝幼时被星状短柔毛。叶薄革质，椭圆状卵形、矩圆状卵形或椭圆形，顶端渐尖或急尖，基部钝形、圆形或浅心形，上面被稀疏的短柔毛或几无毛，下面密被星状短柔毛。聚伞状伞房花序顶生，长约 7 厘米，被毛；花瓣 5 枚，白色或淡红色，条状匙形，长 1~1.5 厘米，外面被短柔毛。蒴果梨形或矩圆状梨形，有 5 棱，密被淡褐色短柔毛。①②③④

hóngqiújiāng

红球姜

Zingiber zerumbet (L.) Roscoe ex Sm.

科属：姜科，姜属。

生境：林下阴湿处。

花期：7~9 月。

多年生草本。根茎块状，内部淡黄色。叶披针形或长圆状披针形，无毛或下面被疏长柔毛。花序长 6~15 厘米，苞片覆瓦状排列，近圆形，初淡绿色，后红色，被柔毛，内常有黏液。花萼膜质，萼管顶端一侧开裂；花冠管纤细，裂片披针形，淡黄色，唇瓣淡黄色，中裂片近圆形或近倒卵形，先端 2 裂，侧裂片倒卵形。蒴果椭圆形。①②③④

xiānggǎngdàshāyè

满天星，茜木 **香港大沙叶**

Pavetta hongkongensis Bremek.

科属：茜草科，大沙叶属。

生境：灌木丛中。

花期：3~4 月。

灌木或小乔木。叶膜质，长圆形或椭圆状倒卵形，先端渐尖，基部楔形，上面无毛，下面近无毛或中脉和脉腋被柔毛，侧脉约 7 对。花序生于侧枝顶部，多花，长 7~9 厘米，径 7~15 厘米。萼筒钟形，顶部不明显 4 裂；花冠白色，冠筒长约 1.5 厘米，无毛；花药伸出。果圆形。①②③

相近种 大沙叶 ***Pavetta arenosa*** Lour. 花序顶生，长 9~11 厘米，直径 15 厘米；花具芳香气味；萼管卵形；花冠白色，冠管长 10~14 毫米，顶部 4 裂④。

máocǎolóng

毛草龙 草里金钗，扫锅草

Ludwigia octovalvis (Jacq.) P. H. Raven

科属：柳叶菜科，丁香蓼属。

生境：湖塘边、沟谷旁及开阔湿润处。

花期：6~8 月。

多年生直立草本。茎基部有时木质化，多分枝。叶披针形或线状披针形，先端渐尖，基部渐窄。萼片 4 枚，卵形，两面被粗毛；花瓣黄色，倒卵状楔形，先端钝圆或微凹；雄蕊 8 枚；花柱与雄蕊近等长，柱头近头状，4 浅裂。蒴果圆柱状。①②

相近种 **草龙** ***Ludwigia hyssopifolia*** (G. Don) Exell 花腋生，花瓣 4 枚，黄色；雄蕊 8 枚，淡绿黄色③。**水龙** ***Ludwigia adscendens*** (L.) H. Hara 多年生浮水或上升草本。花瓣乳白色，基部淡黄色，倒卵形；雄蕊 10 枚④。

shíhǎijiāo

黄花香草，迎春柳 **石海椒**

Reinwardtia indica Dumort.

科属：亚麻科，石海椒属。

生境：林下、山坡灌丛或沟坡潮湿处。

花期：4 月至翌年 1 月。

小灌木。高达 1 米。叶纸质，椭圆形或倒卵状椭圆形，先端急尖或近圆形，有短尖，基部楔形，全缘或有圆齿状锯齿。花序顶生或腋生，或单花腋生；花有大有小，直径 1.4~3 厘米；萼片 5 枚，分离，披针形，宿存；同一植株上的花有花瓣 4~5 枚，黄色，分离，旋转排列，早萎；雄蕊 5 枚，花丝下部两侧扩大成翅状或瓣状，基部合生成环。蒴果圆形，3 裂，每裂瓣有种子 2 粒；种子具膜质翅，翅长稍短于蒴果。①②③④

yùyèjīnhuā

玉叶金花

Mussaenda pubescens W. T. Aiton

科属：茜草科，玉叶金花属。

生境：灌丛、溪谷、山坡或村旁。

花期：6~7月。

攀缘灌木。叶对生或轮生，卵状长圆形或卵状披针形，先端渐尖，基部楔形。聚伞花序顶生，密花。花梗极短或无梗；萼筒陀螺形，萼裂片线形，花叶宽椭圆形，顶端钝或短尖，基部狭窄；花冠黄色。浆果近圆形，干后黑色。①②

相近种　**海南玉叶金花** ***Mussaenda hainanensis*** Merr. 聚伞花序顶生和生于上部叶腋，花叶阔椭圆形，花冠黄色，裂片三角状卵形③。**楠藤** ***Mussaenda erosa*** Champ. ex Benth. 伞房状多歧聚伞花序顶生，花疏生，花叶阔椭圆形，花冠橙黄色，花冠裂片卵形④。

báibèihuánghuārěn

白背黄花棯

Sida rhombifolia L.

科属：锦葵科，黄花棯属。
生境：山坡灌丛间、旷野和沟谷两岸。
花期：5~12 月。

直立亚灌木。叶菱形或长圆状披针形，先端浑圆至短尖，基部宽楔形，边缘具锯齿。花单生于叶腋；萼杯形，被星状短绵毛，裂片 5 枚，三角形；花黄色，花瓣倒卵形，先端圆，基部狭；花柱分枝 8~10 条。果半圆形，顶端具 2 短芒。①②

相近种　**中华黄花棯** ***Sida chinensis*** Retz. 叶倒卵形至近圆形。花单生于叶腋，花黄色，花瓣倒卵形③。**心叶黄花棯** ***Sida cordifolia*** L. 叶卵形，基部微心形或圆形。花单生或簇生于叶腋或枝端，花黄色，花瓣长圆形④。

dàhuāwǔyāguǒ

大花五桠果

Dillenia turbinata Finet & Gagnep.

科属：五桠果科，五桠果属。

生境：常见于常绿林里。

花期：4~5 月。

常绿乔木。叶革质，倒卵形或长倒卵形，先端圆形或钝，基部楔形，不等侧，边缘有锯齿。总状花序生于枝顶，有花 3~5 朵。花大，有香气；萼片厚肉质，卵形，大小不相等，外侧的最大；花瓣薄，黄色，有时黄白色或浅红色，倒卵形，先端圆，基部狭窄；雄蕊 2 轮，外轮无数，内轮数量较少且长于外轮，并向外弯。果实近于圆球形，不开裂，暗红色。①②③④

gōuwěn

大茶，断肠草，猪参 **钩吻**

Gelsemium elegans

(Gardner & Chapm.) Benth.

科属：马钱科，断肠草属。

生境：山地灌木丛中或丘陵山坡疏林下。

花期：5~11 月。

常绿藤本。叶卵形或卵状披针形，先端渐尖，基部宽楔形或圆形。花密集，组成顶生及上部腋生三歧聚伞花序；花冠黄色，漏斗状，长 1.2~1.9 厘米，内面具淡红色斑点；雄蕊 5 枚，着生花冠筒中部，花药伸出花冠筒喉部；柱头 2 裂。蒴果卵圆形或椭圆形，开裂前具 2 个纵槽，熟时黑色，干后室间开裂为 2 个两裂果瓣。种子 20~40 粒，肾形或椭圆形。①②③④

guǎngxīguòlùhuáng

广西过路黄 四叶一枝花

Lysimachia alfredii Hance

科属：报春花科，珍珠菜属。

生境：山谷溪边、沟旁湿地、林地。

花期：4~5 月。

多年生草本。茎簇生，直立或有时基部倾卧生根。叶对生，茎下部的较小，常成圆形，上部茎叶较大，密聚成轮生状，叶片卵形至卵状披针形，先端锐尖或钝，基部楔形或近圆形，两面均被糙伏毛。总状花序顶生，缩短成近头状；苞片阔椭圆形或阔倒卵形，密被糙伏毛；花梗密被柔毛；花冠黄色，长 10~15 毫米，裂片披针形，先端钝或锐尖，密布黑色腺条。蒴果近圆形，褐色。①②③④

hǎibiānyuèjiàncǎo

海芙蓉 海边月见草

Oenothera drummondii Hook.

科属：柳叶菜科，月见草属。
生境：海岸沙丘等处。
花期：5~8 月。

一年生至多年生直立或平铺草本。基生叶窄倒披针形或椭圆形；茎生叶窄倒卵形或倒披针形，有时椭圆形或卵形；先端锐尖或圆，基部渐窄或骤窄至叶柄，边缘疏生浅齿至全缘，两面被白色或紫色曲柔毛与长柔毛。穗状花序，疏生茎枝顶端，通常每日傍晚开一朵花。花瓣黄色，宽倒卵形，长 2~4 厘米，先端平截或微凹；花柱伸出花筒，柱头开花时高过花药。蒴果圆柱状，密被柔毛。①②③④

huángjǐn

黄槿 海麻，万年春

Hibiscus tiliaceus L.

科属：锦葵科，木槿属。

生境：海岸、溪边、沙质土地。

花期：6~8 月。

常绿灌木或小乔木。叶近圆形或宽卵形，先端尖或短渐尖，基部心形，全缘或具细圆齿。花单朵腋生或数朵花组成顶生或腋生的总状花序。花萼杯状，裂片 5 枚，披针形，被绒毛；花冠钟形，黄色，内面基部暗紫色，花瓣 5 枚，倒卵形；花柱分枝 5 个。蒴果卵圆形，具短喙，分果爿 5 个，木质。种子肾形，具乳突。①②③

相近种　**桐棉** ***Thespesia populnea*** (L.) Sol. ex Correa 花单生叶腋；花萼杯状，截形；花冠钟形，黄色，内面基部具紫色块状纹④。

jiǎyīngzhǎo

灯笼草，五爪龙 假鹰爪

Desmos chinensis Lour.

科属：番荔枝科，假鹰爪属。
生境：山地、山谷林缘灌丛中或旷地。
花期：4~10月。

直立或攀缘灌木。叶互生，薄纸质，长圆形或椭圆形，稀宽卵形，先端钝尖或短尾尖，基部圆或稍偏斜。花黄白色，单朵与叶对生或互生。萼片卵形，被微柔毛；花瓣6枚，2轮，外轮花瓣长圆形或长圆状披针形，内轮花瓣长圆状披针形；柱头外弯，2裂。果念珠状。①②③

相近种　鹰爪花 ***Artabotrys hexapetalus*** (L. f.) Bhandari 花1~2朵，淡绿色或淡黄色，芳香，萼片绿色，卵形，花瓣长圆状披针形；果卵圆形④。

jīnhuāchá

金花茶

Camellia petelotii (Merr.) Sealy

科属：山茶科，山茶属。
生境：低山常绿阔叶林中。
花期：11 月至翌年 2 月。

灌木。叶革质，长圆形、披针形或倒披针形，先端尾尖，基部楔形，具细齿。花黄色，腋生。苞片 5 枚；萼片 5 枚，卵圆形或圆形；花瓣 8~12 枚，近圆形；雄蕊 4 轮，花丝近离生或稍连合；花柱 3~4 个，离生。蒴果扁三角状圆形。①②

相近种　**显脉金花茶** ***Camellia euphlebia*** Merr. ex Sealy 叶广椭圆形。花丝基部合生成短管或成束③。**毛瓣金花茶** ***Camellia pubipetala*** Y. Wan & S. Z. Huang 叶长圆形。子房被柔毛，花柱合生④。

jīnliánmù

似梨木 金莲木

Ochna integerrima (Lour.) Merr.

科属：金莲木科，金莲木属。

生境：山谷石旁和溪边较湿润的空旷地方。

花期：3~4 月。

落叶小乔木或灌木状。小枝无毛，具密集环纹。叶纸质，椭圆形、倒卵状长圆形或倒卵状披针形，基部楔形，具细锯齿，无毛，两面中脉凸起，侧脉多数。花序近伞房状，长约 4 厘米，顶生。花黄色，径达 3 厘米，萼片长圆形，花后外反，果时暗红色；花瓣 5~7 枚，宽倒卵形，先端钝圆；雄蕊多数，花丝宿存；花柱圆柱形，长于雄蕊，柱头 5~6 浅裂。核果倒卵形，基部微弯。①②③④

kǔzhí

苦蘵

Physalis angulata L.

科属：茄科，酸浆属。

生境：山谷林下及村边路旁。

花期：5~7 月。

一年生草本。被疏短柔毛或近无毛，高常 30~50 厘米；茎多分枝，分枝纤细。叶片卵形至卵状椭圆形，顶端渐尖或急尖，基部阔楔形或楔形，全缘或有不等大的牙齿，两面近无毛。花梗纤细，和花萼一样生短柔毛，5 中裂，裂片披针形，生缘毛；花冠淡黄色，喉部常有紫色斑纹，长 4~6 毫米，直径 6~8 毫米；花药蓝紫色或有时黄色。果萼卵圆状，薄纸质，浆果直径约 1.2 厘米。①②③④

líánwǎng

小花山猪菜，鱼黄草 **篱栏网**

Merremia hederacea (Burm. f.) Hallier f.

科属：旋花科，鱼黄草属。

生境：灌丛或路旁草丛。

花期：10~12 月。

缠绕或匍匐草本。叶心状卵形，顶端钝，渐尖或长渐尖，全缘或通常具齿，有时为深或浅 3 裂。聚伞花序腋生，有 3~5 朵花，有时单生；花冠黄色，钟状；雄蕊与花冠近等长。蒴果扁圆形或宽圆锥形，4 瓣裂。①②

相近种 **金钟藤** ***Merremia boisiana*** (Gagnep.) Ooststr. 伞房状聚伞花序腋生，花冠黄色，宽漏斗状或钟状③。**掌叶鱼黄草** ***Merremia vitifolia*** (Burm. f.) Hallier f. 叶掌状 5 裂。聚伞花序腋生，有 1~3 朵至数朵花；花冠黄色，漏斗状④。

mópáncǎo

磨盘草

Abutilon indicum (L.) Sweet

科属：锦葵科，苘麻属。

生境：沙地、旷野、山坡、河谷等处。

花期：7~10 月。

一年生或多年生直立的亚灌木状草本。分枝多，全株均被灰色短柔毛。叶卵圆形或近圆形，先端短尖或渐尖，基部心形，边缘具不规则锯齿，两面均密被灰色星状柔毛。花单生于叶腋，花萼盘状，绿色，直径 6~10 毫米，密被灰色柔毛，裂片 5 枚，宽卵形，先端短尖；花黄色，直径 2~2.5 厘米，花瓣 5 枚；雄蕊柱被星状硬毛；心皮 15~20 枚，成轮状。果为倒圆形似磨盘，黑色。①②③④

xiānrénzhǎng

仙人掌

Opuntia dillenii (Ker Gawl.) Haw.

科属：仙人掌科，仙人掌属。
生境：灌丛、岩石、沙地。
花期：6~10(~12) 月。

丛生肉质灌木。上部分枝宽倒卵形、倒卵状椭圆形或近圆形，先端圆，边缘常不规则波状，基部楔形或渐窄，绿色或蓝绿色，无毛；小窠疏生，突出，每小窠具3~20枚刺，密生短绵毛和倒刺刚毛，刺黄色，基部扁，坚硬。叶钻形，绿色，早落。花辐状，径5~6.5厘米；瓣状花被片倒卵形或匙状倒卵形，黄色；花丝淡黄色。浆果倒卵圆形，顶端凹下，基部稍窄缩成柄状，紫红色。①②③④

nánměipéngqíjú

南美蟛蜞菊

Sphagneticola trilobata (L.) Pruski

科属：菊科，蟛蜞菊属。

生境：栽培或归化于低海拔山坡、路旁。

花期：4~10 月。

多年生草本。叶对生，稍肉质，椭圆形或披针形，常具齿，基部楔形，先端锐尖。头状花序单生于细长花梗，辐射状，总苞绿色。舌状花 4~8 朵，艳丽，黄色，具 3 枚或 4 枚小齿；花盘具多数黄色小花。①②

相近种　卤地菊 ***Melanthera prostrata*** (Hemsl.) W. L. Wagner & H. Rob. 头状花序少数，单生茎顶或上部叶腋内；舌状花 1 层，黄色，舌片长圆形，顶端 3 浅裂③。孪花菊 ***Wollastonia biflora*** (L.) DC. 头状花序少数，较大，腋生及顶生，有时孪生④。

huángāncài

黄鹌菜

Youngia japonica (L.) DC.

科属：菊科，黄鹌菜属。
生境：山谷林区草地、河边、沼泽地等处。
花期：4~10 月。

一年生草本。茎直立，单生或少数茎成簇生。基生叶全形倒披针形、椭圆形、长椭圆形或宽线形，大头羽状深裂或全裂，顶裂片卵形、倒卵形或卵状披针形，侧裂片 3~7 对，向下渐小，最下方的侧裂片耳状。头状花序含 10~20 朵舌状黄色小花，少数或多数在茎枝顶端排成伞房花序。总苞圆柱状，4 层，外层及最外层极短，内层及最内层长，披针形；全部总苞片外面无毛。舌状小花黄色。瘦果纺锤形，冠毛白色。①②③④

jīnniǔkòu

金钮扣 遍地红，过海龙

Acmella paniculata (Wall. ex DC.) R. K. Jansen

科属：菊科，金钮扣属。

生境：潮湿地、荒地、林缘等处。

花期：4~11 月。

一年生草本。茎直立或斜升，多分枝，带紫红色，被柔毛或近无毛。叶具波状钝齿，两面无毛或近无毛，叶卵形、宽卵圆形或椭圆形，基部宽楔形或圆形，叶全缘、波状，被短毛或近无毛。头状花序单生，或圆锥状排列，卵圆形，径 7~8 毫米；总苞片约 8 枚，2 层，绿色，卵形或卵状长圆形。花黄色，雌花舌状，舌片宽卵形或近圆形，先端 3 浅裂；两性花花冠管状。瘦果长圆形，边缘有缘毛，顶端有细芒。①②③④

qiānlǐguāng

千里光

九里明，蔓黄菀

Senecio scandens Buch.-Ham. ex D. Don

科属：菊科，千里光属。

生境：攀缘于灌木、岩石上或溪边。

花期：8 月至翌年 4 月。

多年生攀缘草本。茎多分枝，被柔毛或无毛。叶卵状披针形或长三角形，基部宽楔形、平截、戟形，稀心形，边缘常具齿，稀全缘，有时具细裂或羽状浅裂，近基部具 1~3 对较小侧裂片，两面被柔毛至无毛，叶柄被柔毛或近无毛，无耳或基部有小耳；上部叶变小，披针形或线状披针形。头状花序有舌状花，排成复聚伞圆锥花序；总苞圆柱状钟形，外层苞片约 8 枚，线状钻形。舌状花 8~10 枚，舌片黄色，长圆形；管状花多数，花冠黄色。①②③④

táiwānxiāngsī

台湾相思 台湾柳，相思树

Acacia confusa Merr.

科属：豆科，金合欢属。

生境：广泛栽培。

花期：3~10 月。

常绿乔木。枝灰色或褐色。苗期第一片真叶为羽状复叶，成苗后小叶脱落呈叶状柄，革质，披针形，直或微呈弯镰状，两端渐窄，先端略钝。头状花序圆形，单生或数个簇生于叶腋。花金黄色，有微香；花萼长约为花冠一半；花瓣淡绿色；雄蕊多数。荚果扁平，干时深褐色；种子椭圆形，扁。①②③

相近种　**大叶相思** ***Acacia auriculiformis*** A. Cunn. ex Benth. 穗状花序长 3.5~8 厘米，1 枝至数枝簇生于叶腋或枝顶；花橙黄色；花瓣长圆形④。

báihuāyóumáténg

白花油麻藤

Mucuna birdwoodiana Tutcher

科属：豆科，黧豆属。
生境：山地阳处，路旁，溪边。
花期：4~6 月。

常绿大型木质藤本。茎断面先流出白色汁液，2~3 分钟后汁液变为血红色。羽状复叶具 3 枚小叶，小叶近革质。总状花序生于老茎上或腋生，有多花，花成束生于节上。花萼杯状；花冠白色或绿白色。荚果带形，木质。①②

相近种　**大果油麻藤** *Mucuna macrocarpa* Wall. 每节上有 3 朵花，花冠深紫色，干后黑色，旗瓣圆形，先端凹③。**常春油麻藤** *Mucuna sempervirens* Hemsl. 花多聚生于顶部，每节有 2~3 朵花，常有恶臭；花冠暗紫色，但旗瓣带绿白色，旗瓣先端圆④。

hǎinánhóngdòu

海南红豆 食虫树，万年青

Ormosia pinnata (Lour.) Merr.

科属：豆科，红豆属。

生境：山谷、山坡、路边森林中。

花期：7~8 月。

常绿乔木或灌木。树皮灰或灰黑色；小枝疏被淡褐色短柔毛，后无毛。小叶 7~9 枚，披针形，先端钝或渐尖，薄革质，两面均无毛，侧脉 5~7 对。圆锥花序顶生，长 20~30 厘米。花长 1.5~2 厘米；花冠粉红色而带黄白色，旗瓣长约 1.3 厘米，翼瓣与龙骨瓣均略长于旗瓣。荚果圆柱形或稍扁；具 1~4 粒种子，果瓣厚木质，成熟时橙红色，干时褐色。种子椭圆形，红色。①②③④

juémíng

假花生，马蹄决明 **决明**

Senna tora (L.) Roxb.

科属：豆科，番泻决明属。

生境：山坡、旷野及河滩沙地上。

花期：8~11 月。

一年生亚灌木状草本。偶数羽状复叶，小叶 3 对，近倒卵形，先端圆钝而有小尖头，基部渐窄，偏斜。花腋生，通常 2 朵聚生。萼片稍不等大，卵形或卵状长圆形；花瓣黄色，下面 2 枚稍长；雄蕊 10 枚，可育 7 枚。荚果纤细，近四棱形。①②

相近种　**山扁豆** ***Chamaecrista mimosoides*** (L.) Greene 小叶 20~50 对，线形或线状镰刀形。雄蕊 10 枚，5 长 5 短相间而生③。**望江南** ***Senna occidentalis*** (L.) Link 小叶 4~5 对，顶端渐尖；荚果带状镰形，压扁④。

huánghuādàbāojiāng

黄花大苞姜

Caulokaempferia coenobialis

(Hance) K. Larsen

科属：姜科，大苞姜属。

生境：山地林下阴湿处。

花期：4~7 月。

细弱丛生草本。叶 5~9 枚，披针形，先端长尾尖，基部楔形，质薄，最下部的一片叶显著小于上部的。花序顶生，苞片 2~3 枚，披针形，内有 1~2 朵花；花萼管状；花冠黄色，裂片披针形；侧生退化雄蕊椭圆形；唇瓣黄色，宽卵形；花丝短。蒴果卵状长圆形，顶端有宿萼。①②③

相近种　**舞花姜** ***Globba racemosa*** Sm. 圆锥花序顶生；苞片早落。花黄色；花冠管裂片反折；侧生退化雄蕊披针形，与花冠裂片等长；唇瓣倒楔形，先端 2 裂，反折④。

bāoshélán

苞舌兰

Spathoglottis pubescens Lindl.

科属：兰科，苞舌兰属。
生境：山坡草丛中或疏林下。
花期：7~10 月。

地生草本。假鳞茎扁圆形，顶生 1~3 枚叶。叶带状或窄披针形，基部收窄成细柄。花葶长达 50 厘米，花序疏生 2~8 朵花。花黄色，萼片椭圆形，先端锐尖；花瓣宽长圆形，与萼片等长；唇瓣与花瓣近等长，3 裂，侧裂片镰状长圆形，先端近平截，中裂片倒卵状楔形，先端近平截，凹入；唇盘具 3 条脊突，中间 1 条成肉质隆起褶片。①②③

相近种　**紫花苞舌兰** ***Spathoglottis plicata*** Blume 总状花序短，具约 10 朵花，花紫色或粉色④。

dàxùgéjùlán

大序隔距兰 虎皮隔距兰

Cleisostoma paniculatum (Ker Gawl.) Garay

科属：兰科，隔距兰属。

生境：树干上或沟谷林下岩石上。

花期：5~9 月。

1

2

3

4

附生草本。茎直立，扁圆柱形。叶扁平，近带状，先端不等 2 裂。圆锥花序远较叶长，具多花。花开展，萼片和花瓣背面黄绿色，内面紫褐色，边缘和中肋黄色；唇瓣黄色，3 裂；中裂片与距成钝角，先端上翘呈倒喙状；距圆筒状。①②

相近种 **尖喙隔距兰** ***Cleisostoma rostratum*** (Lodd. ex Lindl.) Garay 黏盘柄线形或稍呈棒状，基部不折叠；黏盘很小，近圆形③。**广东隔距兰** ***Cleisostoma simondii*** var. ***guangdongense*** Z. H. Tsi 叶圆柱形或半圆柱形，长数厘米以上④。

duōhuācuìlán

多花脆兰

Acampe rigida

(Buch.-Ham. ex Sm.) P. F. Hunt

科属：兰科，脆兰属。

生境：附生于林中树干上或林下岩石上。

花期：8~9 月。

①

②

③

④

大型附生植物。茎粗壮，近直立，具多数二列的叶。叶近肉质，带状，斜立，先端钝并且不等侧 2 圆裂，基部具宿存而抱茎的鞘。花序腋生或与叶对生，近直立；花黄色带紫褐色横纹，具香气；萼片长圆形；花瓣狭倒卵形；唇瓣白色，厚肉质，3 裂；侧裂片内面具紫褐色纵条纹；中裂片近直立，内面和背面基部具少数紫褐色横纹。①②③

相近种　**短序脆兰** *Acampe papillosa* (Lindl.) Lindl. 花序很短，长具少数至多数短的侧枝，拟似伞形花序；唇瓣卵形④。

gōujùxiājǐlán

钩距虾脊兰 细花根节兰

Calanthe graciliflora Hayata

科属：兰科，虾脊兰属。

生境：山谷溪边、林下等阴湿处。

花期：3~5月。

地生草本。花期叶未全放，叶片近椭圆形；花葶远高出叶外，疏生多花。花开展，萼片和花瓣背面褐色，内面淡黄色；花瓣倒卵状披针形，具短爪，唇瓣白色，3裂，中裂片先端近平截，稍凹，具短尖；距圆筒形，先端钩状。①②

相近种　**长距虾脊兰** ***Calanthe sylvatica*** (Thouars) Lindl. 唇盘基部具3列不等长黄色鸡冠状小瘤，中裂片先端2裂，距圆筒形，较长③。**翘距虾脊兰** ***Calanthe aristulifera*** Rchb. f. 萼片和花瓣白色或带淡紫色，距圆筒形，常翘起④。

jiànlán

四季兰 建兰

Cymbidium ensifolium (L.) Sw.

科属：兰科，兰属。
生境：疏林下、灌丛中、山谷旁或草丛中。
花期：常 6~10 月。

易危种。地生草本。假鳞茎卵圆形，包藏于叶基之内。叶 2~6 枚，带形，有光泽。花葶直立；总状花序具 3~13 朵花；花常有香气，色泽变化较大，通常为浅黄绿色而具紫斑；萼片近狭长圆形或狭椭圆形；花瓣近椭圆形；唇瓣近卵形，略 3 裂。①②

相近种　**兔耳兰** ***Cymbidium lancifolium*** Hook. 叶倒狭针状长圆形至狭椭圆形，花通常白色至淡绿色③。**墨兰** ***Cymbidium sinense*** (Jacks.) Willd. 叶较宽，暗绿色；花葶通常长于叶，花序具 10~20 朵花④。

jìshùlán

寄树兰 截叶陆宾兰

Robiquetia succisa (Lindl.) Seidenf. & Garay

科属：兰科，寄树兰属。

生境：疏林中树干上或山崖石壁上。

花期：6~9 月。

附生草本。茎坚硬，圆柱形；下部节上生出长而分枝的根。叶长圆形，先端平截，具缺刻。花序与叶对生，较叶长，常分枝。花不开展，萼片和花瓣淡黄色或黄绿色；中萼片宽卵形，侧萼片斜卵形；花瓣较萼片小，宽倒卵形，唇瓣白色，侧裂片耳状，中裂片窄长圆形，两侧扁。①②③

相近种 **大叶寄树兰** ***Robiquetia spatulata*** (Blume) J. J. Sm. 叶较大，先端圆钝并且具不等侧 2 裂；花序不分枝④。

jùshíhú

聚石斛

Dendrobium lindleyi Steud.

科属：兰科，石斛属。
生境：喜生阳光充裕的疏林中树干上。
花期：4~5 月。

附生草本。茎假鳞茎状，稍两侧扁纺锤形，顶生 1 枚叶，节间被白色膜质鞘。叶革质，长圆形，基部不下延为鞘。花序生于茎上端，花疏生。花橘黄色，纸质；中萼片卵状披针形，侧萼片与中萼片近等大；花瓣椭圆形，唇瓣横长圆形或近肾形，先端常凹缺。①②

相近种　**流苏石斛** ***Dendrobium fimbriatum*** Hook. 花金黄色，开展，唇瓣边缘具复流苏，唇盘具 1 个新月形横生的深紫色斑块③。**密花石斛** ***Dendrobium densiflorum*** Lindl. 叶常 3~4 枚。花开展，萼片和花瓣淡黄色④。

liúsūbèimǔlán

流苏贝母兰

Coelogyne fimbriata Lindl.

科属：兰科，贝母兰属。

生境：溪旁岩石上或林中、林缘树干上。

花期：8~10 月。

附生草本。根状茎粗；假鳞茎窄卵形或近圆柱形，顶生 2 枚叶。叶长圆形或长圆状披针形，纸质。花葶生于假鳞茎顶端，长 5~10 厘米，基部有数枚圆筒形鞘，花序具 1~2 朵花。花淡黄色或近白色，唇瓣有红色斑纹；萼片长圆状披针形；花瓣丝状或窄线形，唇瓣卵形，3 裂，侧裂片顶端多少具流苏，中裂片近椭圆形，具流苏，唇盘具 2 褶片，延至中裂片近顶端，唇盘基部有短褶片，褶片有波状圆齿。蒴果倒卵形。①②③④

shéshélán

倒吊兰，黄吊兰 **蛇舌兰**

Diploprora championii

(Lindl. ex Benth.) Hook. f.

科属：兰科，蛇舌兰属。

生境：山地林中树干上或沟谷岩石上。

花期：2~8 月。

附生草本。茎质硬，常下垂，长达 15 厘米或更长。叶纸质，镰状披针形或斜长圆形，先端具不等大 2~3 尖齿，边缘波状，基部具宿存鞘。花序与叶对生，下垂，具 2~5 朵花；花序轴稍回折状，扁圆柱形。苞片卵状三角形，花有香气，开展；萼片和花瓣淡黄色；萼片长圆形；花瓣较萼片小，唇瓣白色带玫瑰色，下部舟状，稍 3 裂，侧裂片直立，近方形，中裂片较长，先端叉状 2 裂，裂片尾状。①②③④

mùbiēzi

木鳖子 番木鳖，老鼠拉冬瓜

Momordica cochinchinensis (Lour.) Spreng.

科属：葫芦科，苦瓜属。

生境：山沟、林缘及路旁。

花期：6~8 月。

粗壮大藤本；全株近无毛或稍被柔毛。叶柄基部或中部有 2~4 个腺体；叶卵状心形或宽卵状圆形，3~5 中裂至深裂或不裂，卷须不分歧。雌雄异株；雄花单生叶腋或 3~4 朵着生极短总状花序轴；花梗顶端生兜状苞片，圆肾形，花萼裂片宽披针形或长圆形，先端渐尖或尖；花冠黄色，裂片卵状长圆形；雄蕊 3 枚，药室 1 回折曲。雌花单生；花梗近中部生一苞片。果卵圆形，顶端有短喙，成熟时红色，肉质，密生刺尖突起。①②③④

wāěrcǎo

割鸡芒，金耳挖 挖耳草

Utricularia bifida L.

科属：狸藻科，狸藻属。

生境：沼泽地、稻田或沟边湿地。

花期：6~12 月。

沼生草本。叶生于匍匐枝上，圆形，膜质，全缘。捕虫囊生于叶及匍匐枝上，圆形，侧扁，具柄。花序直立，中上部有 1~16 朵疏离的花；花萼 2 裂达基部，两唇先端钝；花冠黄色，上唇窄长圆形或长卵形，喉凸隆起呈浅囊状；距钻形。①②

相近种　**圆叶挖耳草** ***Utricularia striatula*** Sm. 苞片中部着生，多少呈盾状③。**黄花狸藻** ***Utricularia aurea*** Lour. 水生；叶器一至数回分裂，末回裂片狭线形至毛发状，顶端及边缘常具细刚毛，于花期宿存；无小苞片④。

zǐbānhúdiécǎo

紫斑蝴蝶草

Torenia fordii Hook. f.

科属：玄参科，蝴蝶草属。

生境：山边，溪旁或疏林下。

花期：7~10 月。

直立粗壮草本。叶片宽卵形至卵状三角形，边缘具齿，先端略尖，基部突然收狭成宽楔形。总状花序顶生；萼倒卵状纺锤形，具 5 宽翅；萼齿 2 枚，卵状三角形，先端渐尖；花冠黄色，上唇浅裂或微凹；下唇三裂片近相等，先端钝圆，两侧裂片先端蓝色，中裂片先端橙黄色。①②

相近种　**单色蝴蝶草** ***Torenia concolor*** Lindl. 花单朵腋生或顶生，稀排成伞形花序③。**二花蝴蝶草** ***Torenia biniflora*** T. L. Chin & D. Y. Hong 花萼具棱或狭翅，翅宽在花期不超过 1 毫米④。

huánányúnshí

假老虎簕 # 华南云实

Caesalpinia crista L.

科属：豆科，云实属。
生境：山地林中。
花期：4~7月。

木质藤本。茎及叶轴有少数倒钩刺。二回羽状复叶，小叶对生，具短柄，卵形或椭圆形，先端圆钝，有时微缺。总状花序排列成顶生、疏松的圆锥花序。花芳香；花瓣5枚，不相等，其中4枚黄色，卵形，上面1枚具红色斑纹。荚果斜宽卵形，先端有喙。①②

相近种　春云实 ***Caesalpinia vernalis*** Champ. ex Benth. 小叶6~10对；花瓣黄色，上面1片较小，外卷，有红色斑纹③。云实 ***Caesalpinia decapetala*** (Roth) Alston 荚果长圆状舌形，沿腹缝线膨胀成狭翅④。

zhōngècǎo

钟萼草

Lindenbergia philippensis

(Cham. & Schltdl.) Benth.

科属：玄参科，钟萼草属。
生境：干山坡、岩缝及墙缝中。
花期：11 月至翌年 3 月。

多年生草本。植株粗壮、直立，全株被腺毛。茎多分枝。叶较密，纸质，卵形或卵状披针形，先端尖，基部窄楔形，具尖锯齿。穗状总状花序长 6~20 厘米，花密集，仅基部有间断。花冠长约 1.5 厘米，黄色，下唇有紫斑，上唇顶端近平截或凹缺，下唇较长，有褶襞；雄蕊 4 枚；子房顶端及花柱基部被毛。蒴果长卵形，密被棕色毛。种子黄色，表面粗糙。①②③④

cǎodòukòu

豆蔻 草豆蔻

Alpinia hainanensis K. Schum.

科属：姜科，山姜属。
生境：山地疏或密林中。
花期：4~6 月。

多年生草本。叶片线状披针形，顶端渐尖，基部两边不对称。总状花序顶生，直立；小苞片乳白色；花冠裂片边缘稍内卷；唇瓣三角状卵形顶端微 2 裂，具自中央向边缘放射的彩色条纹。果圆形，熟时金黄色。①②

相近种 **艳山姜** ***Alpinia zerumbet*** (Pers.) B. L. Burtt & R. M. Sm. 圆锥花序呈总状花序式，下垂；唇瓣匙状宽卵形，黄色而有紫红色纹彩③。**距花山姜** ***Alpinia calcarata*** Roscoe 圆锥花序短，唇瓣倒卵形，顶端微凹，白色，杂以玫红色及紫堇色斑纹④。

huánghuādàoshuǐlián

黄花倒水莲 白马胎，倒吊黄

Polygala fallax Hemsl.

科属：远志科，远志属。

生境：山谷林下水旁阴湿处。

花期：5~8 月。

小乔木或灌木状。小枝密被柔毛。叶披针形或椭圆状披针形，先端渐尖，基部楔形。总状花序长 10~15 厘米，被柔毛。萼片 5 枚，早落，具缘毛；外面 3 枚小，不等大，上面 1 枚盔状，其余 2 枚卵形至椭圆形；里面 2 枚较大，花瓣状，斜倒卵形，先端圆形，基部渐狭；花瓣黄色，侧瓣长圆形，先端近平截，2/3 以下与龙骨瓣合生，龙骨瓣盔状，鸡冠状附属物具柄；花盘环状。蒴果宽倒心形或圆形，黄绿色，具同心圆状棱。种子圆形，棕黑色至黑色，种阜盔状，顶端突起。①②③④

sānjiānyèzhūshǐdòu

黄野百合 # 三尖叶猪屎豆

Crotalaria micans Link

科属：豆科，猪屎豆属。

生境：栽培或逸生于草地或草丛。

花期：5~9 月。

草本或亚灌木。叶三出，小叶椭圆形或长椭圆形，先端渐尖，具短尖头，基部楔形，顶生小叶较侧生小叶大。总状花序顶生，有花 20~30 朵；花萼近钟形，5 裂；花冠黄色，伸出萼外，旗瓣圆形，先端圆或微，翼瓣长圆形，龙骨瓣中部以上弯曲，几达 90° 。荚果长圆形。①②

相近种 **吊裙草** ***Crotalaria retusa*** L. 龙骨瓣喙部扭转，荚果通常长圆形，花萼近钟形或二唇形③。**猪屎豆** ***Crotalaria pallida*** Aiton 荚果长圆柱形，花冠长于花萼一倍④。

hūdexiào

忽地笑 铁色箭

Lycoris aurea (L'Hér.) Herb.

科属：石蒜科，石蒜属。
生境：阴湿山坡。
花期：8~9 月。

多年生草本。鳞茎卵圆形。叶秋季抽出，剑形，先端渐尖，中脉淡色带明显。花茎高约 60 厘米，顶生伞形花序有 4~7 朵花。花两侧对称，黄色，花被裂片倒披针形，长约 6 厘米，外弯，背面中脉具淡绿色带，边缘波状皱缩；雄蕊稍伸出花被，花丝黄色；花柱上部玫瑰红色。蒴果具 3 棱。种子少数，近圆形，黑色。①②③

相近种 石蒜 ***Lycoris radiata*** (L'Hér.) Herb. 花鲜红色，花被筒绿色；花被裂片窄倒披针形，外弯，边缘皱波状；雄蕊伸出花被，比花被长约 1 倍④。

yángjiǎoǎo

布渣叶，断肠草 # 羊角拗

Strophanthus divaricatus

(Lour.) Hook. & Arn.

科属：夹竹桃科，羊角拗属。

生境：丘陵山地、疏林或山坡灌丛中。

花期：5~7 月。

藤本或灌木状，具长匍匐茎，除花冠外余无毛，乳汁清或淡黄色。小枝密被皮孔。叶窄椭圆形或倒卵状长圆形，先端短尖，基部楔形，侧脉约 6 对。花萼裂片窄三角形，聚伞花序具花 3~15 朵；花冠黄色，花冠筒两面被微柔毛或内面无毛，花冠裂片卵形，先端长尾带状，长达 10 厘米，基部内面具红色斑点；花冠裂片 10 枚，黄绿色，三角形或锥形。蓇葖果水平叉开，木质，椭圆状长圆形。①②③④

zhǒngbǐngjú

肿柄菊

Tithonia diversifolia (Hemsl.) A. Gray

科属：菊科，肿柄菊属。

生境：栽培或归化。

花期：9~11 月。

一年生草本。茎分枝粗壮，密被短柔毛或下部脱毛。叶卵形、卵状三角形或近圆形；上部叶有时分裂，裂片卵形或披针形，有细锯齿，下面被柔毛，基出 3 脉。头状花序径 5~15 厘米，顶生于假轴分枝的长花序梗上；总苞片 4 层，外层椭圆形或椭圆状披针形，基部革质，内层苞片长披针形，上部叶质或膜质。舌状花 1 层，黄色，舌片长卵形；管状花黄色。瘦果长椭圆形，被柔毛。①②③④

dàyèfèngxiānhuā

大叶凤仙花

Impatiens apalophylla Hook. f.

科属：凤仙花科，凤仙花属。
生境：山谷沟底、山坡草丛中林下阴湿处。
花期：6~11 月。

草本。叶互生，密集于茎上部，近矩圆状卵形，先端渐尖，基部楔形，边缘具波状圆齿。花 4~10 朵排成总状花序腋生；花大，黄色；旗瓣椭圆形；翼瓣无柄，2 裂，基部裂片矩圆形，先端渐尖；唇瓣囊状，基部突然延长成微弯或螺旋状长距。①②

相近种　**绿萼凤仙花** ***Impatiens chlorosepala*** Hand.-Mazz. 总花梗具 1~2 朵花，稀具多数花；侧生萼片 2 枚③。**棒凤仙花** ***Impatiens clavigera*** Hook. f. 花较大，唇瓣囊状漏斗形，具短于檐部 1/2 的粗距或短距④。

chénghuángyùfènghuā

橙黄玉凤花

Habenaria rhodocheila Hance

科属：兰科，玉凤花属。

生境：林下阴处地上或岩石上覆土中。

花期：7~8 月。

地生草本。茎下部具 4~6 枚叶，其上具 1~3 枚小叶。叶线状披针形，基部抱茎。花序疏生 2~10 余朵花；萼片和花瓣绿色，唇瓣红色、橙红色或橙黄色；中萼片近圆形，凹入，侧萼片长圆形，反折，花瓣直立，匙状线形；唇瓣卵形，4 裂；距细圆筒状，末端常上弯。①②

相近种 **齿片坡参** ***Habenaria rostellifera*** Rchb. f. 花小，白色，侧萼片极偏斜，向下弯③。**鹅毛玉凤花** ***Habenaria dentata*** (Sw.) Schltr. 花白色，唇瓣中裂片不裂；蕊喙较小，不突出④。

yětónghāo

野茼蒿

Crassocephalum crepidioides
(Benth.) S. Moore

科属：菊科，野茼蒿属。
生境：山坡路旁、水边、灌丛中常见。
花期：7~12 月。

直立草本。叶膜质，椭圆形或长圆状椭圆形，顶端渐尖，基部楔形，边缘有不规则锯齿或重锯齿，或有时基部羽状裂。头状花序数个在茎端排成伞房状，直径约 3 厘米，总苞钟状，基部截形，有数枚不等长的线形小苞片；小花全部管状，两性，花冠红褐色或橙红色，檐部 5 齿裂。瘦果狭圆柱形，赤红色；冠毛极多数，白色，绢毛状，易脱落。①②③

相近种　**夜香牛** ***Vernonia cinerea*** (L.) Less. 头状花序多数，在茎枝端排列成伞房状圆锥花序；花淡红紫色，花冠管状④。

huǒshāohuā

火烧花 缅木

Mayodendron igneum (Kurz) Kurz

科属：紫葳科，火烧花属。
生境：干热河谷、低山丛林。
花期：2~5月。

常绿乔木。高达15米；树皮光滑。奇数二回羽状复叶对生，小叶卵形或卵状披针形，先端长渐尖，基部宽楔形，全缘。侧脉5~6对。短总状花序具5~13朵花，着生于老茎或侧生短枝；花萼佛焰苞状，一边开裂，密被柔毛；花冠筒状，橙黄色，檐部裂片5枚，圆形，近相等，反折；雄蕊4枚，两两成对，近等长，着生花冠筒近基部，基部被柔毛，花药2室，药隔成芒尖，花药及柱头微露出花冠筒。蒴果线形，下垂。①②③④

máobājiǎofēng

长毛八角枫 **毛八角枫**

Alangium kurzii Craib

科属：八角枫科，八角枫属。
生境：疏林中。
花期：5~6月。

落叶小乔木。小枝近圆柱形。叶互生，纸质，近圆形或阔卵形，顶端长渐尖，基部心脏形或近心脏形，倾斜，两侧不对称，全缘；花萼漏斗状，花瓣6~8枚，线形，基部黏合，上部开花时反卷，初白色，后变淡黄色；雄蕊6~8枚，略短于花瓣；花柱圆柱形，柱头近圆形，4裂。核果椭圆形或矩圆状椭圆形，成熟后黑色。①②③

相近种 **八角枫** ***Alangium chinense*** (Lour.) Harms 聚伞花序腋生，有7~50朵花；花冠圆筒形，花瓣6~8枚，线形；柱头头状，常2~4裂④。

bānchúnjuǎnbànlán

斑唇卷瓣兰 黄花石豆兰

Bulbophyllum pecten-veneris
(Gagnep.) Seidenf.

科属：兰科，石豆兰属。
生境：山地林中树干上或林下岩石上。
花期：4~9 月。

附生草本。假鳞茎生于根状茎上，卵圆形，顶生 1 枚叶。叶椭圆形或卵形，先端稍钝或具凹缺。伞形花序具 3~9 朵花。花黄绿色或黄色稍带褐色；中萼片卵形，先端尾状，侧萼片窄披针形，先端长尾状，边缘内卷，基部上方扭转上下侧边缘除先端外黏合；花瓣斜卵形，唇瓣舌形，外弯。①②

相近种 **梳帽卷瓣兰** ***Bulbophyllum andersonii*** (Hook. f.) J. J. Sm. 侧萼片先端不为尾状③。**直唇卷瓣兰** ***Bulbophyllum delitescens*** Hance 中萼片和花瓣的边缘全缘④。

mǎyīngdān

臭草，五色梅 **马缨丹**

***Lantana camara* L.**

科属：马鞭草科，马缨丹属。

生境：海边沙滩和空旷地区。

花期：全年。

灌木或蔓性灌木。高达 2 米。茎枝常被倒钩状皮刺。叶卵形或卵状长圆形，先端尖或渐尖，基部心形或楔形，具钝齿，上面具触纹及短柔毛，下面被硬毛，侧脉约 5 对。花序径 1.5~2.5 厘米，花序梗粗，长于叶柄；苞片披针形；花萼管状，具短齿；花冠黄色或橙黄色，花后深红色。果圆形，紫黑色。①②③

相近种　**蔓马缨丹** ***Lantana montevidensis*** Briq. 低矮蔓性灌木。头状花序直径约 2.5 厘米；花冠淡紫红色；苞片阔卵形④。

ángtiānlián

昂天莲 水麻

Ambroma augustum (L.) L. f.

科属：梧桐科，昂天莲属。

生境：山谷沟边或林缘。

花期：春夏。

①

②

③

④

灌木。幼枝密被星状柔毛。叶心形或卵状心形，有时 3~5 浅裂，先端尖或渐尖，基部心形或斜心形，上面无毛或疏被星状柔毛，下面密被星状柔毛，基生脉 3~7 条。聚伞花序有 1~5 朵花。花红紫色，径约 5 厘米；萼片 5 枚，近基部连合，披针形，两面密被柔毛；花瓣 5 枚，红紫色，匙形，长 2.5 厘米，与退化雄蕊基部连合，发育雄蕊 15 枚，退化雄蕊 5 枚。蒴果膜质，倒圆锥形，具 5 棱和 5 翅，·被星状柔毛，边缘有长绒毛。①②③④

hónghuācùjiāngcǎo

大酸味草，紫花酢浆草 **红花酢浆草**

Oxalis corymbosa DC.

科属：酢浆草科，酢浆草属。

生境：低海拔山地、路边、荒地或水田中。

花期：3~12月。

多年生直立草本。具球状鳞茎。叶基生，具长柄，小叶3枚，扁圆状倒心形，先端凹缺，两侧角圆，基部宽楔形。萼片5枚，披针形，花瓣5枚，倒心形，淡红色至深桃红色，带纵裂条纹；雄蕊10枚，5枚超出花柱，另5枚达子房中部；子房5室，花柱5个。①②③

相近种 **酢浆草** ***Oxalis corniculata*** L. 花单生或数朵组成伞形花序状；花瓣5枚，黄色，长圆状倒卵形④。

hóngPhuāqīngténg

红花青藤 毛青藤

Illigera rhodantha Hance

科属：莲叶桐科，青藤属。

生境：山谷密林或疏林灌丛中。

花期：6~11 月。

藤本。茎具沟棱，幼枝被金黄褐色绒毛，指状复叶互生，有小叶 3 枚。小叶纸质，卵形至倒卵状椭圆形或卵状椭圆形，先端钝，基部圆形或近心形，全缘，侧脉约 4 对，两面显著。聚伞花序组成的圆锥花序腋生，狭长，密被金黄褐色绒毛，萼片紫红色，长圆形；花瓣与萼片同形，稍短，玫瑰红色；雄蕊 5 枚，被毛；附属物花瓣状，膜质。果具 4 翅，翅较大的舌形或近圆形。①②③④

jiànyèqiūkuí

五指山参，小红芙蓉 **箭叶秋葵**

Abelmoschus sagittifolius (Kurz) Merr.

科属：锦葵科，秋葵属。

生境：低丘、草坡、旷地等处。

花期：5~9 月。

多年生草本。具萝卜状肉质根。叶形多样，下部的叶卵形，中部以上的叶卵状戟形、箭形至掌状 3~5 浅裂或深裂，裂片阔卵形至阔披针形，先端钝，基部心形或戟形，边缘具锯齿或缺刻。花单生于叶腋，花梗纤细；花萼佛焰苞状，先端具 5 枚齿；花红色或黄色，花瓣倒卵状长圆形。蒴果椭圆形，被刺毛，具短喙。①②③

相近种 **咖啡黄葵** ***Abelmoschus esculentus*** (L.) Moench 花单生于叶腋间，具花梗；花黄色，内面基部紫色，花瓣倒卵形④。

jiǎpíngpó

假苹婆 鸡冠木，赛苹婆

Sterculia lanceolata Cav.

科属：梧桐科，苹婆属。

生境：山谷溪旁。

花期：4~6月。

乔木。叶椭圆形至披针形，先端骤尖，基部钝或近圆。圆锥花序腋生，密集多分枝。花淡红色；萼片 5 枚，基部连合，外展如星状，长圆状披针形或长圆形；雄花的雌雄蕊柄弯曲，花药约 10 个；雌花子房圆形，花柱弯曲，柱头不明显 5 裂。蓇葖果鲜红色，顶端有喙，基部渐窄。①②③

相近种 **苹婆** ***Sterculia monosperma*** Vent. 圆锥花序顶生或腋生；萼初时乳白色，后转为淡红色，钟状，5 裂，裂片条状披针形，先端渐尖且向内曲，在顶端互相粘合④。

máohuāmíhóutáo

白藤梨，毛花杨桃 # 毛花猕猴桃

Actinidia eriantha Benth.

科属：猕猴桃科，猕猴桃属。

生境：山地上的高草灌木丛或灌木丛林中。

花期：5~6 月。

大型落叶藤本。叶软纸质，卵形至阔卵形，顶端短尖至短渐尖，基部圆形至浅心形，边缘具硬尖小齿。聚伞花序具少数花；萼片 2~3 枚，淡绿色，瓢状阔卵形；花瓣顶端和边缘橙黄色，中央和基部桃红色，倒卵形，边缘常呈蚕食状；雄蕊极多，花丝纤细，浅红色，花药黄色，长圆形；子房圆形。果柱状卵珠形，宿存萼片反折。①②③④

rǔyuándùjuān

乳源杜鹃

Rhododendron rhuyuenense
Chun ex P. C. Tam

科属：杜鹃花科，杜鹃属。
生境：阳坡疏林或灌丛中。
花期：5~6 月。

半常绿灌木。叶椭圆状披针形、长披针形或宽卵形。伞形花序顶生，有 8~12 朵花；花萼 5 浅裂，裂片卵形或三角状卵形。花冠钟状，粉红色带紫色毛，5 裂；雄蕊 5 枚，伸出花冠较长。蒴果卵圆形。①②③

相近种 **杜鹃** ***Rhododendron simsii*** Planch. 花 2~6 朵簇生枝顶；花萼 5 深裂，裂片三角状长卵形；花冠阔漏斗形，玫瑰色、鲜红色或暗红色，裂片 5 枚，倒卵形，上部裂片具深红色斑点；雄蕊 10 枚，长约与花冠相等④。

shǐjūnzǐ

使君子

Quisqualis indica L.

科属：使君子科，使君子属。

生境：雨林、灌丛、河边、荒地或栽培。

花期：初夏。

攀缘灌木。小枝被棕黄色柔毛。叶对生或近对生，卵形或椭圆形，先端短渐尖，基部钝圆，上面无毛，下面有时疏被棕色柔毛，侧脉 7~8 对。顶生穗状花序组成伞房状。萼筒被黄色柔毛；花瓣长 1.8~2.4 厘米，先端钝圆，初白色，后淡红色；雄蕊 10 枚，不伸出冠外，外轮生于花冠基部，内轮，生于中部。果卵圆形，具短尖，具 5 条锐棱，熟时外果皮脆薄，青黑或栗色。①②③④

táojīnniáng

桃金娘 岗稔

Rhodomyrtus tomentosa (Aiton) Hassk.

科属：桃金娘科，桃金娘属。

生境：丘陵坡地，为酸性土指示植物。

花期：4~5 月。

灌木。幼枝密被柔毛。叶对生，椭圆形或倒卵形，先端圆或钝，基部宽楔形或楔形，上面无毛或仅幼时被毛，下面被灰白色绒毛，离基 3~5 出脉直达叶尖，侧脉每边 7~8 条。花有长梗，常单生，紫红色，径 2~4 厘米；萼筒倒卵形，萼齿 5；花瓣 5 枚，倒卵形；外面被灰色绒毛；雄蕊红色，花药圆形；子房下位，柱头头状。果为浆果，卵状壶形，熟时紫黑色。①②③④

zhōnghuāyīngtáo

绯樱，山樱花 # 钟花樱桃

Cerasus campanulata

(Maxim.) A. N. Vassiljeva

科属：蔷薇科，樱属。
生境：山谷林中及林缘。
花期：2~3 月。

乔木或灌木。叶卵形、卵状椭圆形或倒卵状椭圆形，先端渐尖，基部圆，有急尖锯齿，常稍不整齐。伞形花序，有 2~5 朵花，先叶开花。萼筒钟状，萼片长圆形，全缘；花瓣倒卵状长圆形，紫红色，先端下凹，稀全缘；核果卵圆形，顶端尖。①②③④

shānjiāozǐ

山椒子 川血乌，红肉梨

Uvaria grandiflora Roxb. ex Hornem.

科属：番荔枝科，紫玉盘属。

生境：灌木丛中或丘陵山地疏林中。

花期：3~11 月。

攀缘灌木。叶纸质或近革质，长圆状倒卵形，顶端急尖或短渐尖，基部浅心形。花单朵，与叶对生，紫红色或深红色，大型；苞片 2 枚，大型，卵圆形；花瓣卵圆形或长圆状卵圆形，内轮比外轮略为大些；雄蕊长圆形或线形；心皮长圆形或线形，柱头顶端 2 裂而内卷。果长圆柱状，顶端有尖头。①②③

相近种　**紫玉盘** ***Uvaria macrophylla*** Roxb. 花 1~2 朵，暗紫红色或淡红褐色；花瓣内外轮相似，卵圆形④。

hēilǎohǔ

黑老虎

臭饭团，过山龙藤

Kadsura coccinea (Lem.) A. C. Sm.

科属：五味子科，南五味子属。

生境：林中。

花期：4~7 月。

易危种。常绿木质藤本。叶革质，长圆形或卵状披针形，先端钝或短渐尖，基部宽楔形或近圆，全缘；侧脉 6~7 对，网脉不明显。花单生叶腋，稀成对，雌雄异株。花被片红色，10~16 枚，中轮最大 1 枚椭圆形，最内轮 3 枚肉质；雄蕊群椭圆形或近圆形，具 14~48 枚离生雄蕊；花托近圆形，花柱短钻状，顶端无盾状柱头冠，心皮 50~80 枚，胚珠顶生、下垂。聚合果近圆形，红色或暗紫色；小浆果倒卵圆形，外果皮革质，不露出种子。①②③④

hónghuāhé

红花荷 红苞木

Rhodoleia championii Hook. f.

科属：金缕梅科，红花荷属。

生境：森林。

花期：3~4 月。

常绿乔木。嫩枝颇粗壮，无毛。叶厚革质，卵形，先端钝或略尖，基部阔楔形，有三出脉，上面深绿色，发亮，下面灰白色，无毛；侧脉 7~9 对，在两面均明显，网脉不显著。头状花序长 3~4 厘米，常弯垂；花序柄有鳞状小苞片 5~6 片，总苞片卵圆形，被褐色短柔毛；花瓣匙形，红色；雄蕊与花瓣等长，花丝无毛。头状果序有蒴果 5 个；蒴果卵圆形，果皮薄木质，干后上半部 4 片裂开；种子扁平，黄褐色。①②③④

mùlǎn

木榄

大头榄，鸡爪榄

Bruguiera gymnorhiza (L.) Savigny

科属：红树科，木榄属。

生境：浅海盐滩。

花期：全年。

乔木或灌木。叶椭圆状长圆形，先端短尖，基部楔形。花单生，盛开时长 3~3.5 厘米。萼平滑无棱，暗黄红色，裂片 11~13 枚；花瓣长 1.1~1.3 厘米，中下部密被长粗毛，上部无毛或几无毛，2 裂，裂片先端有 2~4 条刺毛；雄蕊稍短于花瓣；花柱 3~4 个，棱柱形，黄色，柱头 3~4 裂。胚轴长 15~25 厘米。①②③④

nánshānchá

南山茶

Camellia semiserrata C. W. Chi

科属：山茶科，山茶属。

生境：山地。

花期：12 月至翌年 2 月。

小乔木。叶革质，椭圆形或长圆形，先端急尖，基部阔楔形，上面深绿色，干后浅绿色，边缘上半部或 1/3 有疏而锐利的锯齿。花顶生，红色；苞片及萼片 11 枚，半圆形至圆形；花瓣 6~7 枚，红色，阔倒卵圆形；雄蕊排成 5 轮。蒴果卵圆形，果皮厚木质，表面红色，平滑。①②

相近种　**尖萼红山茶** ***Camellia edithae*** Hance 子房 3 室，蒴果 3 爿裂开③。**杜鹃叶山茶** ***Camellia azalea*** C. F. Wei 子房无毛，果皮光滑，木质，干后发亮④。

hánxiūcǎo

含羞草

怕丑草，知羞草

Mimosa pudica L.

科属：豆科，含羞草属。
生境：旷野荒地、灌木丛中，或栽培。
花期：3~10 月。

披散、亚灌木状草本。茎有钩刺。羽片和小叶触之即闭合而下垂，羽片 2 对，小叶 10~20 对，线状长圆形。头状花序圆球形，具长花序梗，单生或 2~3 朵腋生；花小，淡红色，多数；花冠钟状，裂片 4 枚；雄蕊 4 枚，伸出花冠。荚果长圆形。①②

相近种　**巴西含羞草** ***Mimosa diplotricha*** C. Wright ex Sauvalle 雄蕊 8 枚，羽片 6~8 对，茎五棱柱状③。**无刺巴西含羞草** ***Mimosa diplotricha*** var. ***inermis*** (Adelb.) Veldkamp 茎上无钩刺，荚果边缘及荚节上无刺毛④。

fèngyǎnlán

凤眼蓝 凤眼莲，水葫芦

Eichhornia crassipes (Mart.) Solms

科属：雨久花科，凤眼蓝属。

生境：水塘、沟渠及稻田中。

花期：7~10 月。

浮水草本。茎极短，具长匍匐枝。叶基生，莲座状排列，5~10 枚，圆形、宽卵形或宽菱形，先端钝圆或微尖，基部宽楔形，全缘，具弧形脉，上面深绿色，光亮，质厚；叶柄中部膨大成囊状或纺锤形，基部有鞘状苞片。穗状花序从叶柄基部的鞘状苞片腋内伸出，常具 9~12 朵花。花被片基部合生成筒，近基部有腺毛，裂片 6 枚，花瓣状，卵形、长圆形或倒卵形，紫蓝色，花冠近两侧对称，上方 1 裂片较大，蓝色的中央有 1 黄色圆斑。①②③④

红冬蛇菰

Balanophora harlandii Hook. f.

科属：蛇菰科，蛇菰属。
生境：阴蔽林中较湿润的腐殖质土壤处。
花期：9~11 月。

草本。根茎苍褐色，扁圆形或近圆形，花茎淡红色；鳞状苞片多少肉质，红色，长圆状卵形，聚生于花茎基部。花雌雄异株或异序；花序近圆形或卵圆状椭圆形。雄花序轴有蜂窠状洼穴；雄花 3 朵；花被裂片 3 片，宽三角形。雌花的子房黄色，卵圆形，生于附属体基部或花序轴上，花柱丝状；附属体暗褐色，倒圆锥形或倒卵形，顶端截形或中部凸起。①②③④

miánzǎor

绵枣儿

Barnardia japonica (Thunb.) Schult. & Schult. f.

科属：百合科，绵枣儿属。

生境：山坡、草地、路边或林缘。

花期：7~11 月。

多年生草本。鳞茎卵形或近圆形，外皮黑褐色或褐色，鳞茎下部生有多数须根。叶基生，常 2~5 枚，条形，平滑，正面凹。花葶先叶抽出，顶生总状花序，具多数花，苞片小，线状；花小，粉红色、紫红色或粉白色；花被片 6 枚，长圆形、倒卵形或狭椭圆形，有深紫色的脉纹 1 条；雄蕊 6 枚。蒴果倒卵形，室背开裂。①②③④

bóleshù

冬桃，钟萼木 # 伯乐树

Bretschneidera sinensis Hemsl.

科属：伯乐树科，伯乐树属。
生境：山地林中。
花期：3~9 月。

近危种。乔木。树皮灰褐色；小枝有较明显的皮孔。羽状复叶；小叶 7~15 枚，纸质或革质，狭椭圆形、长圆状披针形或卵状披针形，多少偏斜，全缘，顶端渐尖或急短渐尖，基部钝圆或短尖、楔形，叶面绿色，无毛；叶脉在叶背明显，侧脉 8~15 对。花序长 20~36 厘米；花淡红色，直径约 4 厘米，花瓣阔匙形或倒卵楔形，顶端浑圆，内面有红色纵条纹。果椭圆球形，近圆形或阔卵形，被极短的棕褐色毛和常混生疏白色小柔毛。①②③④

chēngtóng

赪桐 荷苞花，状元红

Clerodendrum japonicum (Thunb.) Sweet

科属：马鞭草科，大青属。

生境：平原、山谷、溪边、疏林中，或栽培。

花期：5~11 月。

灌木。叶心形，先端尖，基部心形，疏生尖齿。圆锥状二歧聚伞花序；苞片宽卵形或线状披针形，小苞片线形。花萼红色；花冠红色，稀白色，裂片长圆形；雄蕊长约达花冠管的 3 倍；子房无毛，4 室，柱头 2 浅裂，与雄蕊均长突出于花冠外。核果近圆形，蓝黑色，宿萼裂片反折呈星状。①②

相近种 **苦郎树** ***Clerodendrum inerme*** (L.) Gaertn. 聚伞花序通常由 3 朵花组成，着生于叶腋或枝顶叶腋③。**海南赪桐** ***Clerodendrum hainanense*** Hand.-Mazz. 叶片长圆形或卵状披针形，长为宽的 4 倍以上④。

diàozhōnghuā

吊钟花

白鸡烂树，山连召

Enkianthus quinqueflorus Lour.

科属：杜鹃花科，吊钟花属。

生境：山坡灌丛中。

花期：1~6月。

①

②

③

④

落叶灌木或小乔木。小枝无毛。叶聚生枝端，革质，椭圆形、椭圆状披针形或倒卵状披针形，稀披针形，全缘或向先端疏生波状浅齿，两面无毛，叶脉在两面突起。伞形花序具3~8朵花。花萼裂片卵状披针形或三角状披针形；花冠淡红色、红色或白色，宽钟状，长0.8~1.2厘米，裂片三角状卵形，外弯。蒴果卵圆形，具5棱。①②③

相近种　**齿缘吊钟花** ***Enkianthus serrulatus*** (E. H. Wilson) C. K. Schneid. 伞形花序。花冠钟形，白绿色，口部5浅裂，裂片反卷④。

huángniúmù

黄牛木

Cratoxylum cochinchinense (Lour.) Blume

科属：藤黄科，黄牛木属。

生境：丘陵或山地的干燥阳坡上。

花期：4~5月。

落叶灌木或乔木。全体无毛，树干下部有簇生的长枝刺。枝条对生，幼枝略扁，无毛，淡红色。叶片椭圆形至长椭圆形或披针形，先端骤然锐尖或渐尖，基部钝形至楔形，坚纸质，两面无毛，侧脉每边8~12条，两面凸起。聚伞花序腋生或腋外生及顶生，有花1~3朵，具梗。花直径1~1.5厘米。萼片椭圆形，先端圆形。花瓣粉红色、深红色至红黄色。雄蕊束3。花柱3个，线形。蒴果椭圆形，棕色，被宿存的花萼包被达2/3以上。①②③④

mǎlìjīn

马利筋

Asclepias curassavica L.

科属：萝藦科，马利筋属。
生境：栽培并归化。
花期：全年。

多年生草本。植株高达 1 米。叶对生，膜质，披针形或长圆状披针形，先端渐尖，基部楔形而下延至叶柄，两面无毛或下面脉被微毛，侧脉 8~10 对；叶柄长约 1 厘米。聚伞花序与叶近等长，具 8~20 朵花；花序梗被柔毛。花梗被柔毛；花萼裂片披针形，被柔毛；花冠紫色或红色，裂片长圆形，长 5~8 毫米；副花冠裂片黄色或橙色，匙形；花粉块长圆形，下垂，着粉腺紫红色。蓇葖果纺锤形。①②③④

xiāzihuā

虾子花 吴福花

Woodfordia fruticosa (L.) Kurz

科属：千屈菜科，虾子花属。

生境：山坡路旁。

花期：春季。

灌木。有长而披散的分枝；幼枝有短柔毛。叶对生，近革质，披针形或卵状披针形，顶端渐尖，基部圆形或心形，上面通常无毛，下面被灰白色短柔毛，有时全部无毛。1~15 朵花组成短聚伞状圆锥花序，被短柔毛；萼筒花瓶状，鲜红色，裂片矩圆状卵形；花瓣小而薄，淡黄色，线状披针形，与花萼裂片等长；雄蕊 12 枚，突出萼外；子房矩圆形，2 室，花柱细长，超过雄蕊。蒴果膜质，线状长椭圆形，开裂成 2 果瓣。①②③④

chǔtóuhóng

楮头红

Sarcopyramis napalensis Wall.

科属：野牡丹科，肉穗草属。

生境：密林下阴湿的地方或溪边。

花期：8~10 月。

直立草本。叶宽卵形或卵形，先端渐尖，基部楔形或近圆，微下延，具细锯齿。聚伞花序生于分枝顶端，有 1~3 朵花。花梗四棱形，棱上具窄翅；花萼具 4 棱，棱上有窄翅，裂片先端平截；花瓣 4 枚，粉红色，倒卵形；雄蕊 8 枚，等长。蒴果杯形，具 4 棱。①②③

相近种　**蜂斗草** ***Sonerila cantonensis*** Stapf 蝎尾状聚伞花序或二歧聚伞花序，顶生，有花 3~7 朵；花瓣 3 枚，粉红色或浅玫瑰红色，长圆形，顶端急尖；雄蕊 3 枚，等长④。

jīnjǐnxiāng

金锦香

Osbeckia chinensis L.

科属：野牡丹科，金锦香属。

生境：荒山草坡、路旁、田边或疏林。

花期：7~9月。

直立草本或亚灌木。叶线形或线状披针形，全缘。头状花序顶生，有2~10朵花，基部具叶状总苞2~6枚。花4数；萼管常带红色，裂片4枚；花瓣4枚，淡紫红色或粉红色，倒卵形；雄蕊常偏向一侧。蒴果卵状圆形，紫红色。①②③

相近种　星毛金锦香 ***Osbeckia stellata*** Buch.-Ham. ex Ker Gawl. 灌木。叶片坚纸质，卵形至卵状披针形，稀疏的聚伞花序组成圆锥花序，顶生，长7~22厘米或更长；花瓣4枚，深红色至紫色，卵形，长约2厘米④。

máobǐngjǐnxiāngcǎo

毛柄锦香草

Phyllagathis oligotricha Merr.

科属：野牡丹科，锦香草属。

生境：山地阴湿处或草坡，草丛中。

花期：5~6 月。

小灌木。小枝钝四棱形。叶对生，有时同一节上的叶不等大，宽卵形或宽椭圆形，先端急尖，基部楔形或圆。聚伞花序或紧缩几呈伞形花序，顶生或 3~5 个生于植株上部叶腋。花萼钟状漏斗形，具 4 棱；花瓣粉红色或红色，卵状长圆形，稍偏斜；雄蕊不等长。蒴果杯形，顶端平截，具 4 棱，为宿存花萼所包。①②③

相近种 **锦香草** ***Phyllagathis cavaleriei*** (H. Lév. & Vaniot) Guillaumin 草本。伞形花序顶生，花瓣粉红色至紫色，宽倒卵形；雄蕊 8 枚，近等长④。

yìyàohuā

异药花

Fordiophyton faberi Stapf

科属：野牡丹科，异药花属。
生境：山地阴湿处或山坡草地。
花期：6~9 月。

草本或亚灌木。茎四棱形，棱上常具窄翅。叶常在同一节上差别较大，宽披针形至椭圆形，先端渐尖，基部浅心形或圆形，具细锯齿，叶柄具窄翅。聚伞花序组成圆锥花序，花多数。花梗四棱形，花瓣白色至紫红色，倒卵状长圆形，雄蕊不等长。蒴果倒圆锥形，具 4 棱。①②③

相近种　**短茎异药花** ***Fordiophyton brevicaule*** C. Chen 匍匐草本。由聚伞花序组成的圆锥花序，顶生，有花 9~11 朵；花瓣红色，卵形④。

dìtáohuā

厚皮草，野棉花 **地桃花**

Urena lobata L.

科属：锦葵科，梵天花属。
生境：干热旷地、草坡或疏林下。
花期：7~12 月。

直立亚灌木状草本。茎下部的叶近圆形，先端浅 3 裂，基部圆形或近心形，边缘具锯齿；中部的叶卵形；上部的叶长圆形至披针形。花腋生，单生或稍丛生，淡红色；花萼杯状，裂片 5 枚；花瓣 5 枚，倒卵形。果扁圆形。①②③

相近种　梵天花 ***Urena procumbens*** L. 叶下部生的轮廓为掌状 3~5 深裂，裂口深达中部以下，生于枝上端的叶仅中部浅裂呈葫芦形，基部圆形至近心形，具锯齿；花冠淡红色④。

kǔkǎnlán

苦槛蓝 海菊花，苦槛盘

Pentacoelium bontioides Siebold & Zucc.

科属：苦槛蓝科，苦槛蓝属。

生境：海滨潮汐带以上沙地或多石地灌丛。

花期：4~6 月。

常绿灌木。小枝圆柱状，具微凸的圆形叶痕，淡褐色。叶互生，软革质，椭圆形，先端急尖或短渐尖；全缘，基部渐窄，无毛；聚伞花序具 2~4 朵花或为单花，无总梗；花冠漏斗状钟形，裂片稍反曲，白色有紫色斑点；雄蕊着生冠筒内面基部上方；花柱丝状，柱头小头状。核果，内含 5~8 粒种子。①②③④

玛丽杜鹃，紫花杜鹃 岭南杜鹃

Rhododendron mariae Hance

科属：杜鹃花科，杜鹃属。

生境：山丘灌丛中。

花期：3~6 月。

落叶灌木。叶革质，二型，春叶较大，椭圆状披针形；夏叶较小，椭圆形或倒卵形。顶生伞形花序有 7~16 朵花。花冠漏斗状，丁香紫色，裂片 5 枚，长圆状披针形；雄蕊 5 枚，伸出花冠。蒴果卵圆形。①②

相近种　**溪畔杜鹃** ***Rhododendron rivulare*** Hand.-Mazz. 常绿灌木。花冠漏斗形，紫红色，裂片 5 枚，长圆状卵形③。**丁香杜鹃** ***Rhododendron farrerae*** Sweet 花 1~2 朵顶生，先花后叶；花冠辐状漏斗形，花冠管 5 裂，不等大；雄蕊 8~10 枚，比花冠短④。

máomiándùjuānhuā

毛棉杜鹃花 白杜鹃，丝线吊芙蓉

Rhododendron moulmainense Hook.

科属：杜鹃花科，杜鹃属。

生境：灌丛或疏林中。

花期：4~5月。

常绿灌木或小乔木。叶革质，宽倒披针形或椭圆状披针形。伞形花序近顶生，花 2~4 朵；花萼波状浅裂，萼片 5 枚；花冠窄漏斗状，淡紫色、粉红色或淡红白色，内面有黄色斑点；雄蕊 10 枚，与花冠等长或稍短。蒴果圆柱形，花柱宿存。①②

相近种 **白马银花** ***Rhododendron hongkongense*** Hutch. 花冠辐状，白色或淡紫色，具紫色斑点；雄蕊 5 枚③。**刺毛杜鹃** ***Rhododendron championiae*** Hook. 伞形花序。花冠窄漏斗状，白色或淡红色，5 深裂④。

wǔzhǎojīnlóng

五爪金龙

黑牵牛，假土瓜藤

Ipomoea cairica (L.) Sweet

科属：旋花科，番薯属。

生境：平地或山地路边灌丛。

花期：5~12 月或几全年。

多年生缠绕草本。茎细长，有细棱。叶掌状 5 深裂或全裂，裂片卵状披针形、卵形或椭圆形，中裂片较大，两侧裂片稍小，顶端渐尖或稍钝，基部楔形渐狭，基部 1 对裂片通常再 2 裂。聚伞花序腋生，具 1~3 朵花；花冠紫红色、紫色或淡红色，漏斗状。蒴果近圆形，4 瓣裂。①②③

相近种　三裂叶薯 ***Ipomoea triloba*** L. 叶宽卵形至圆形，全缘或有粗齿或深 3 裂。伞形状聚伞花序腋生，具花 1 朵至数朵；花冠漏斗状，淡红色或淡紫红色，冠檐裂片短而钝，有小短尖头④。

xiānggǎngshuānghúdié

香港双蝴蝶

Tripterospermum nienkui
(C. Marquand) C. J. Wu

科属：龙胆科，双蝴蝶属。
生境：山谷密林中或山坡路旁疏林中。
花期：9 月至翌年 1 月。

多年生缠绕草本。茎暗紫色或绿色，螺旋状扭转。基生叶丛生，卵形，先端急尖，基部宽楔形，下面有时呈紫色；茎生叶卵形或卵状披针形，先端渐尖，基部近心形或圆形，边缘微波状。花单生叶腋或 2~3 朵呈聚伞花序；花冠紫色或绿色带紫斑，狭钟形；雄蕊着生于冠筒下半部；子房矩圆形，柱头 2 裂。浆果紫红色，内藏，近圆形至短椭圆形。①②③

相近种　**福建蔓龙胆** ***Crawfurdia pricei*** (Marquand) H. Sm. 聚伞花序腋生或顶生，花冠粉红色、白色或淡紫色④。

yángrǔ

轮叶党参，羊奶参 **羊乳**

Codonopsis lanceolata

(Siebold & Zucc.) Trautv.

科属：桔梗科，党参属。

生境：山地灌木、林下沟边阴湿处。

花期：7~8 月。

茎缠绕，黄绿色而微带紫色。叶在主茎上的互生，披针形或菱状窄卵形；通常 2~4 枚叶簇生于小枝顶端，而近对生或轮生状；叶片菱状卵形、窄卵形或椭圆形，通常全缘或有疏波状锯齿。花单生或对生于小枝顶端；花冠宽钟状，浅裂，裂片三角状，反卷，黄绿色或乳白色内有紫色斑。蒴果下部半球状，上部有喙。①②③

相近种 **金钱豹** ***Campanumoea javanica*** Blume 花单生叶腋，5 裂至近基部；花冠上位，白色或黄绿色，内面紫色，钟状，裂至中部④。

yěgū

野菰 马口含珠，鸭脚板

Aeginetia indica L.

科属：列当科，野菰属。

生境：土层深厚、湿润及多枯叶处。

花期：4~8 月。

一年生寄生草本。根稍肉质。叶肉红色，卵状披针形或披针形。花常单生茎端，稍俯垂。花梗粗，常直立，常具紫红色条纹。花萼先端骤尖或渐尖，紫红色、黄色或黄白色，具紫红色条纹；花冠筒状钟形，带黏液，常与花萼同色，不明显二唇形，全缘，筒部宽，稍弯曲，顶端 5 浅裂，裂片近全缘；雄蕊 4 枚，内藏。①②③④

yěmǔdān

野牡丹

老虎杆，毡帽泡花

Melastoma malabathricum L.

科属：野牡丹科，野牡丹属。
生境：山坡灌草丛或疏林。
花期：5~7 月。

灌木。叶卵形至椭圆状披针形，先端渐尖，基部圆或近心形，全缘。伞房花序生枝顶，具 3~7 朵花，叶状总苞片 2 枚；苞片披针形或钻形。花萼裂片 5 枚，披针形，与萼管等长；花瓣紫红色，倒卵形。蒴果坛状圆形，顶端平，宿存花萼与果贴生。①②③④

zhūmáojùtái

蛛毛苣苔

Paraboea sinensis (Oliv.) B. L. Burtt

科属：苦苣苔科，蛛毛苣苔属。

生境：山坡林下石缝中或陡崖上。

花期：6~7 月。

小灌木。茎常弯曲。叶长圆形至披针形；聚伞花序成对腋生伞状，具 10 余朵花；花萼紫红色，裂片倒披针状匙形，全缘。花冠紫蓝色，裂片近圆形，上唇稍短于下唇。蒴果线形，螺旋状卷曲。①②

相近种　**髯丝蛛毛苣苔** ***Paraboea martinii*** (H. Lév. & Vaniot) B. L. Burtt 多年生草本；叶对生；花冠淡紫色，檐部二唇形，下唇 3 裂，不等大③。**网脉蛛毛苣苔** ***Paraboea dictyoneura*** (Hance) B. L. Burtt 叶全部基生；花冠檐部稍二唇形，裂片相等，卵圆形④。

máoniè

毛菍

Melastoma sanguineum Sims

科属：野牡丹科，野牡丹属。

生境：坡脚、沟边、湿润草丛或矮灌丛中。

花期：几乎全年，通常在 8~10 月。

大灌木。叶片坚纸质，卵状披针形至披针形，顶端长渐尖或渐尖，基部钝或圆形，全缘。伞房花序，顶生，常仅有花 1 朵，有时 3~5 朵；花瓣粉红色或紫红色，5~7 枚，顶端微凹；子房半下位。果杯状圆形，为宿存萼所包，密被红色长硬毛。①②③

相近种　**地菍** ***Melastoma dodecandrum*** Lour. 匍匐小灌木。叶片卵形或椭圆形。花瓣淡紫红色至紫红色，菱状倒卵形；雄蕊 10 枚，5 长 5 短④。

yóudiǎncǎo

油点草

Tricyrtis macropoda Miq.

科属：百合科，油点草属。

生境：山地林下、草丛中或岩石缝隙中。

花期：6~10月。

多年生草本。叶卵状椭圆形至矩圆状披针形，先端渐尖，基部心形抱茎或无柄。二歧聚伞花序顶生或生于上部叶腋，花疏散；花被片绿白色或白色，内面具多数紫红色斑点，卵状椭圆形至披针形，开放后自中下部向下反折；外轮3片较内轮为宽，在基部向下延伸而呈囊状；雄蕊约等长于花被片，花丝中上部向外弯垂，具紫色斑点；柱头稍微高出雄蕊或有时近等高，3裂。①②③④

zǐhuāhánxiào

紫花含笑

Michelia crassipes Y. W. Law

科属：木兰科，含笑属。

生境：山谷密林中。

花期：4~5月。

濒危种。小乔木或灌木状。叶革质，窄长圆形、倒卵形或窄倒卵形，先端尾尖或骤尖，基部楔形或宽楔形。花极芳香，紫红色或深紫色。花被片6枚，2轮，长椭圆形。聚合果，蓇葖10枚以上。①②

相近种　**金叶含笑** ***Michelia foveolata*** Merr. & Dandy 乔木。花被片9~12枚，淡黄绿色，基部带紫色，外轮3枚阔倒卵形，中、内轮倒卵形，较狭小③。**野含笑** ***Michelia skinneriana*** Dunn 花淡黄色，芳香；花被片6枚，倒卵形，外轮3枚基部被褐色毛④。

hǎidāodòu

海刀豆

Canavalia rosea (Sw.) DC.

科属：豆科，刀豆属。

生境：蔓生于海边沙滩上。

花期：6~7 月。

粗壮，草质藤本。茎被稀疏的微柔毛。羽状复叶具 3 枚小叶。小叶倒卵形、卵形、椭圆形或近圆形，先端通常圆形、截平、微凹或具小凸头，基部楔形至近圆形，侧生小叶基部常偏斜，两面均被长柔毛。总状花序腋生；花 1~3 朵聚生于花序轴近顶部的每一节上；花萼钟状，被短柔毛；花冠紫红色，旗瓣圆形，长约 2.5 厘米，顶端凹入，翼瓣镰状，龙骨瓣长圆形，弯曲。荚果线状长圆形，顶端具喙尖。①②③④

huáfèngxiān

水边指甲花 **华凤仙**

***Impatiens chinensis* L.**

科属：凤仙花科，凤仙花属。

生境：池塘、水沟旁、田边或沼泽地。

花期：6~8 月。

一年生草本。叶对生，近无柄，硬纸质，线形或线状披针形，先端尖或稍钝，基部近心形或截形。花较大，单生或 2~3 朵簇生于叶腋，紫红色或白色；唇瓣漏斗状，基部渐狭成内弯或旋卷的长距；旗瓣圆形，先端微凹，翼瓣无柄，2 裂；雄蕊 5 枚。蒴果椭圆形。①②

相近种 **凤仙花** ***Impatiens balsamina*** L. 叶互生，具柄，披针形或狭椭圆形，基部楔形③。**大旗瓣凤仙花** ***Impatiens macrovexilla*** Y. L. Chen 蒴果伸长纺锤形，棒状或线状圆柱形；种子长圆形或倒卵形④。

máoshèxiāng

毛麝香

Adenosma glutinosum (L.) Druce

科属：玄参科，毛麝香属。

生境：荒山坡、疏林下湿润处。

花期：7~10 月。

直立草本。茎上部四方形，中空，常有分枝。叶对生，上部的多少互生，披针状卵形或宽卵形，先端锐尖，基部楔形、平截或近心形，边缘具齿。花单生叶腋或在枝顶集成总状花序；苞片叶状而较小；花萼 5 深裂，果时宿存，萼齿全缘；花冠紫红色或蓝紫色，上唇卵圆形，下唇多 3 裂；前方 1 对雄蕊较长。蒴果卵圆形，顶端具喙。①②③④

báijiēgǔ

白接骨

尼氏拟马偕花

Asystasia neesiana (Wall.) Nees

科属：爵床科，十万错属。

生境：林下或溪边。

花期：7~9 月。

草本。植株具白色黏液，根状茎竹节形；茎略呈四棱形。叶卵形至椭圆状矩圆形，顶端尖至渐尖，边缘微波状至具浅齿，基部下延成柄，叶片纸质。总状花序或基部有分枝，顶生；花单生或对生；苞片 2 枚，微小；花萼裂片 5 枚；花冠淡紫红色，漏斗状，花冠筒细长，裂片 5 枚，略不等；雄蕊 2 强，着生于花冠喉部，2 药室等高。蒴果上部具 4 粒种子，下部实心细长似柄。①②③④

bǎnlán

板蓝

Strobilanthes cusia (Nees) Kuntze

科属：爵床科，马蓝属。

生境：潮湿地方。

花期：11 月。

草本。叶椭圆形或卵形，先端短渐尖，基部楔形，边缘有稍粗的锯齿。花无梗，对生，组成腋生或顶生的穗状花序；花萼不等 5 深裂；花冠堇色、玫瑰红色或白色，花冠圆筒形，顶端内弯，喉部扩大呈窄钟形，花冠筒短圆柱形，喉窄钟形，长为花冠筒的两倍，冠檐 5 裂，裂片等大；雄蕊二强，内藏。蒴果棒状。①②③

相近种　**四子马蓝** ***Strobilanthes tetrasperma*** (Champ. ex Benth.) Druce 穗状花序短而紧密，通常仅有花数朵；花冠淡红色或淡紫色，冠檐裂片几相等④。

chángbànmǎlíngjùtái

长瓣马铃苣苔

Oreocharis auricula

(S. Moore) C. B. Clarke

科属：苦苣苔科，马铃苣苔属。
生境：山坡、山谷、林下阴湿岩石上。
花期：6~7 月。

多年生草本。叶莲座状基生，长圆状椭圆形至椭圆形，边缘具浅齿至近全缘。聚伞花序 2~3 次分枝，2~6 条，每花序具 4~6 朵花；花萼 5 裂至近基部，花冠细筒状，紫色、紫红色，喉部缢缩，近基部稍膨大；檐部二唇形，上唇 2 裂至中部，下唇 3 裂。雄蕊分生，内藏。蒴果线状长圆形。①②

相近种　**紫花马铃苣苔** ***Oreocharis argyreia*** Chun 花冠钟状细筒形，蓝紫色③。**大叶石上莲** ***Oreocharis benthamii*** C. B. Clarke 花冠细筒状，淡紫色，喉部不缢缩④。

chúnzhùjùtái

唇柱苣苔

Chirita sinensis Lindl.

科属：苦苣苔科，唇柱苣苔属。

生境：阴湿岩石上或溪谷。

花期：5 至翌年 2 月。

多年生草本。叶均基生；叶片草质或纸质，椭圆状卵形或近椭圆形，顶端钝、圆形或急尖，基部宽楔形或近圆形，边缘波状或有浅钝齿。花序 1~2 条，每花序有 1~3 朵花。花萼 5 裂达基部，顶端圆钝。花冠白色或带淡紫色，下唇内有 2 黄色纵条，上唇带暗紫色。蒴果长条形。①②

相近种　**牛耳朵** ***Chirita eburnea*** Hance 花萼裂片狭披针形至三角形，顶端尖；子房 1 室③。**羽裂唇柱苣苔** ***Chirita pinnatifida*** (Hand.-Mazz.) B. L. Burtt 叶整个边缘浅裂；子房 2 室④。

guǎngxīmǎdōulíng

大百解薯，大叶马兜铃 **广西马兜铃**

Aristolochia kwangsiensis
Chun & F. C. How ex C. F. Liang

科属：马兜铃科，马兜铃属。
生境：山谷林中。
花期：4~5 月。

木质大藤本。老茎具厚木栓层。叶卵状心形或圆形，先端钝或短尖，基部宽心形。总状花序具 2~3 朵花。花被筒中部膝状弯曲；檐部盘状，近圆三角形，上面蓝紫色，被暗红色棘状突起，3 浅裂，裂片常向外反折，喉部黄色，具领状环；花药长圆形，合蕊柱 3 裂。蒴果长圆柱形。①②③

相近种 **耳叶马兜铃** ***Aristolochia tagala*** Cham. 草质藤本。花被筒基部缢缩成柄状，其上球形，向上骤缢缩成直管，管口漏斗状，檐部一侧延伸成长圆形舌片，先端钝圆具凸尖，绿色至暗紫色④。

mǎhuángqī

蚂蝗七 石螃蟹，岩蚂蝗

Chirita fimbrisepala Hand.-Mazz.

科属：苦苣苔科，唇柱苣苔属。

生境：山地林中石上或石崖上山谷溪边。

花期：3~4 月。

多年生草本。具粗根状茎。叶均基生；叶片草质，两侧不对称，卵形、宽卵形或近圆，顶端急尖或微钝，基部斜宽楔形或截形，边缘有小或粗牙齿，上面密被短柔毛并散生长糙毛，下面疏被短柔毛，侧脉在狭侧 3~4 条。聚伞花序有 1~5 朵花；花序梗被柔毛。花冠淡紫色或紫色，内面上唇具紫斑；筒细漏斗状。蒴果被短柔毛。种子纺锤形。①②③④

qīxīnglián

茶匙黄，蔓茎堇菜 **七星莲**

Viola diffusa Ging.

科属：堇菜科，堇菜属。

生境：山区林地、草坡、溪谷、岩缝中。

花期：3~5 月。

一年生草本。叶基生，莲座状，或互生于匍匐枝上；叶卵形或卵状长圆形，先端钝或稍尖，基部宽楔形或平截，叶柄具翅。花较小，淡紫色或浅黄色，萼片披针形，侧瓣倒卵形或长圆状倒卵形，下瓣距极短；柱头两侧及后方具肥厚的缘边。蒴果长圆形。①②

相近种　**深圆齿堇菜** ***Viola davidii*** Franch. 叶片圆形或有时肾形，边缘具较深圆齿；花白色或淡紫色③。**柔毛堇菜** ***Viola fargesii*** H. Boissieu 叶片卵形或宽卵形，被开展的白色柔毛；花白色，距短而粗，呈囊状④。

yángtíjiǎ

羊蹄甲 玲甲花

Bauhinia purpurea L.

科属：豆科，羊蹄甲属。

生境：广泛栽培作园林观赏。

花期：9~11 月。

乔木或灌木。枝幼时微被毛。叶近圆形，先端分裂达叶长的1/3~1/2，裂片先端圆钝或近急尖，基部浅心形；基出脉 9~11 条。总状花序侧生或顶生，少花，有时 2~4 个花序生于枝顶而成复总状花序，被褐色绢毛。花蕾纺锤形，具 4~5 条棱或窄翅；花萼佛焰状；花瓣桃红色，倒披针形，长 4~5 厘米，具脉纹和长瓣柄；能育雄蕊 3 枚，花丝与花瓣等长；退化雄蕊 5~6 枚。荚果带状，扁平，稍呈镰状。①②③④

dōuchúnshíhú

兜唇石斛

Dendrobium cucullatum R. Br.

科属：兰科，石斛属。

生境：疏林中树干上或山谷岩石上。

花期：3~4 月。

易危种。附生草本。叶纸质，2 列互生于整个茎上，披针形或卵状披针形。总状花序每 1~3 朵花为一束；花开展，下垂；萼片和花瓣白色带淡紫红色；花瓣椭圆形，唇瓣宽倒卵形或近圆形，喇叭状，基部两侧具紫红色条纹，中部以上部分为淡黄色，中部以下部分浅粉红色。①②

相近种　**重唇石斛** ***Dendrobium hercoglossum*** Rchb. f. 唇瓣直立，前端密生短流苏③。**钩状石斛** ***Dendrobium aduncum*** Lindl. 萼片和花瓣淡粉红色，唇瓣白色④。

táiwāndúsuànlán

台湾独蒜兰

Pleione formosana Hayata

科属：兰科，独蒜兰属。

生境：林地腐殖质丰富的土壤和岩石上。

花期：3~4 月。

易危种。附生草本。假鳞茎卵圆形，顶端具 1 枚叶。花期叶幼嫩。叶椭圆形或倒披针形。花葶生于假鳞茎基部，顶常具 1 朵花，偶见 2 朵花。花大，淡紫红色或粉红色，唇瓣色泽常略浅于花瓣，上面具有黄色、红色或褐色斑，花瓣与萼片近同形，线状倒披针形，唇瓣宽卵状椭圆形或近圆形，围成喇叭状，先端微缺。蒴果纺锤状。①②③④

zhúyèlán

竹叶兰

Arundina graminifolia (D. Don) Hochr.

科属：兰科，竹叶兰属。

生境：草坡、溪谷旁、灌丛下或林中。

花期：9~11 月。

地生草本。根状茎在茎基部呈卵圆形，似假鳞茎。茎常数个丛生或成片生长，圆柱形，细竹秆状，常为叶鞘所包，具多枚叶。叶线状披针形，薄革质或坚纸质，基部鞘状抱茎。花序具 2~10 朵花，每次开 1 朵花。花粉红色或略带紫色或白色；萼片窄椭圆形或窄椭圆状披针形；花瓣椭圆形或卵状椭圆形，唇瓣长圆状卵形，3 裂，侧裂片内弯，中裂片近方形，先端 2 浅裂或微凹，唇盘有 3~5 枚褶片。蒴果近长圆形。①②③④

zǐwéndōulán

紫纹兜兰

Paphiopedilum purpuratum (Lindl.) Stein

科属：兰科，兜兰属。

生境：腐殖质丰富的阴湿处或岩石上。

花期：10 月至翌年 1 月。

濒危种。地生草本。叶基生，2 列，3~8 枚，长圆状椭圆形，上面具暗绿色与淡黄绿色相间的网格斑。花葶直立，顶生 1 朵花。中萼片白色，合萼片淡绿色；花瓣紫红色，纵脉纹深色、绿白色晕和黑色疣点，唇瓣紫褐色或淡栗色，倒盔状，囊近宽长圆状卵形。①②

相近种　**长瓣兜兰** ***Paphiopedilum dianthum*** Tang & F. T. Wang 叶上表面不具网格斑；花序具 2~4 朵花，花瓣带形，下垂③。**带叶兜兰** ***Paphiopedilum hirsutissimum*** (Lindl. ex Hook.) Stein 花瓣长度不到宽度的 5 倍④。

diàoshíjùtái

吊石苣苔

Lysionotus pauciflorus Maxim.

科属：苦苣苔科，吊石苣苔属。
生境：山地林中、阴处石崖上或树上。
花期：7~10月。

小灌木。叶3枚轮生，有时对生或4枚轮生，革质，形状变化大，边缘在中部以上具齿或近全缘。花序有1~2朵花，多至5朵花，花萼裂片窄三角形，花冠白色带淡紫色条纹或淡紫色，筒细漏斗状，裂片上2枚下3枚，上唇显著短于下唇；雄蕊无毛，花丝狭线形；退化雄蕊3枚；花盘杯状，有尖齿。蒴果线形。种子纺锤形。①②③④

hǎinánsānqī

海南三七

Kaempferia rotunda L.

科属：姜科，山柰属。

生境：开阔草地或栽培。

花期：4月。

叶长椭圆形，下面紫色；叶柄短，槽状。头状花序有4~6朵花，自根茎发出，先叶开花；苞片紫褐色。萼管一侧开裂；花先叶开放，紫色，花冠管约与萼管等长，花冠裂片线形，白色，花时平展；唇瓣蓝紫色，近圆形，2深裂至中部以下成2裂片，裂片先端尖，下垂。①②

相近种　**山柰** ***Kaempferia galanga*** L. 花后叶开放，叶近圆形，几无柄；花白色③。**紫花山柰** ***Kaempferia elegans*** (Wall.) Baker 叶长圆形，具长柄，花淡紫色④。

hánxìncǎo

大力草，红叶犁头尖 **韩信草**

Scutellaria indica L.

科属：唇形科，黄芩属。

生境：山地或丘陵地。

花期：2~6 月。

多年生草本。茎深紫色。叶心状卵形或椭圆形，先端钝或圆，基部圆形或心形，具圆齿。总状花序，苞片卵形或椭圆形，具圆齿，花萼被长硬毛及微柔毛，花冠蓝紫色，冠筒基部膝曲，下唇中裂片圆卵形，具深紫色斑点，侧裂片卵形。小坚果暗褐色，卵圆形，被瘤点，腹面近基部具脐状突起。①②③

相近种 **半枝莲** ***Scutellaria barbata*** D. Don 总状花序不分明，顶生；花冠紫蓝色，上唇半圆形，下唇中裂片梯形，侧裂片三角状卵形④。

tóngchuí yùdàicǎo

铜锤玉带草

Lobelia nummularia Lam.

科属：桔梗科，半边莲属。

生境：丘陵、低山草坡或疏林中潮湿地。

花期：全年。

多年生草本。有白色乳汁。茎平卧，节上生根。叶圆卵形至心形，先端钝圆或急尖，基部斜心形，边缘有齿。花单生叶腋，花萼筒坛状，花冠紫红色、淡紫色、绿色或黄白色，花冠筒檐部二唇形，上唇 2 裂片线状披针形，下唇 3 裂片披针形；雄蕊在花丝中部以上连合。果为浆果，紫红色，椭圆状圆形。①②③

相近种　**半边莲** ***Lobelia chinensis*** Lour. 花冠粉红色或白色，裂片全部平展于下方，呈一个平面，两侧裂片披针形，较长，中间 3 枚裂片椭圆状披针形，较短④。

dìjǐnmiáo

地锦苗

Corydalis sheareri S. Moore

科属：罂粟科，紫堇属。
生境：水边或林下潮湿地。
花期：3~6月。

多年生草本。基生叶数枚，具长柄，二回羽状全裂，一回全裂片具柄，卵形，中上部具深圆齿，基部楔形；茎生叶数枚，互生，与基生叶同形。总状花序生于茎顶端，具10~20朵花，稀疏；花瓣紫红色；花瓣背部具短鸡冠状突起，超出瓣片先端，具不规则齿裂，距圆锥形，顶端极尖。蒴果窄圆柱形。种子近圆形。①②③

相近种　**北越紫堇** ***Corydalis balansae*** Prain 总状花序疏生多花；花冠黄色或黄白色，外花瓣勺状，鸡冠状突起仅限于龙骨状突起之上，不伸达顶端④。

gǔlǐnglílú

牯岭藜芦 闽浙藜芦，天目藜芦

Veratrum schindleri O. Loes.

科属：百合科，藜芦属。

生境：山坡林下阴湿处。

花期：6~10月。

多年生草本。植株高约1米，基部具棕褐色带网眼的纤维网。叶在茎下部的宽椭圆形或窄长圆形，两面无毛，先端渐尖，基部收窄成柄；圆锥花序长而扩展，具多数近等长的侧生总状花序；花序轴和枝轴被灰白色绵状毛。花被片伸展或反折，淡黄绿色、绿白色或褐色，近椭圆形或倒卵状椭圆形，先端钝，基部无爪，全缘。雄蕊长为花被片的2/3；子房卵状矩圆形。蒴果直立。①②③④

kuānyèyáng'ěrsuàn

宽叶羊耳蒜

Liparis latifolia Lindl.

科属：兰科，羊耳蒜属。
生境：林下、灌丛或溪谷旁阴蔽处岩石上。
花期：5~8 月。

易危种。地生或半附生草本。假鳞茎圆柱形，包于叶鞘内。叶 4~5 枚，斜立，斜卵状椭圆形或窄椭圆状披针形；叶柄鞘状，抱茎。花葶长达 60 厘米，花序具数十朵花；花紫红色或绿黄色，密集；中萼片窄长圆形，侧萼片斜卵形，花瓣线形，唇瓣近宽卵形，凹入，中裂片窄卵形，侧裂片不明显。蒴果倒卵状椭圆形，直立。①②③④

liàngyèjīxuěténg

亮叶鸡血藤

Callerya nitida (Benth.) R. Geesink

科属：豆科，鸡血藤属。

生境：海岸灌丛或山地疏林中。

花期：5~9 月。

攀缘灌木。羽状复叶，小叶 5 枚，硬纸质，卵状披针形或长圆形，先端钝尖，基部圆。圆锥花序顶生，粗壮；花单生。花冠紫色，旗瓣长圆形，基部具 2 个胼胝体。荚果扁平长圆形。①②

相近种 **美丽鸡血藤** ***Callerya speciosa*** (Champ. ex Benth.) Schot 圆锥花序腋生，花 1~2 朵并生或单生密集于花序轴上部呈长尾状③。**香花鸡血藤** ***Callerya dielsiana*** (Harms) P. K. Loc ex Z. Wei & Pedley 圆锥花序顶生，花序伸长，分枝细，花冠紫红色④。

māowěicǎo

猫尾射，兔尾草 # 猫尾草

Uraria crinita (L.) Desv. ex DC.

科属：豆科，狸尾豆属。

生境：干燥旷野坡地、路旁或灌丛中。

花期：4~9月。

亚灌木。基下部叶为3枚小叶，上部的为5枚或7枚小叶；小叶近革质，长椭圆形至卵形，基部圆或微心形。总状花序顶生；花冠紫色。荚果有反复折荚节2~4个。①②

相近种　**狸尾豆** ***Uraria lagopodioides*** (L.) DC. 叶多为3枚小叶，稀兼有单枚小叶。总状花序顶生，紧密，花冠淡紫色，旗瓣倒卵形，基部渐狭③。**美花狸尾豆** ***Uraria picta*** (Jacq.) DC. 小叶5~7枚，极少为9枚；花冠蓝紫色，旗瓣圆形，基部具瓣柄④。

qīngxiāng

青葙 百日红，鸡冠花

Celosia argentea L.

科属：苋科，青葙属。

生境：平原、田边、丘陵、山坡。

花期：5~8月。

一年生草本。叶长圆状披针形至披针状条形，绿色常带红色，先端具小芒尖，基部渐窄；叶柄短或无。塔状或圆柱状穗状花序不分枝；苞片及小苞片披针形，白色，先端渐尖成细芒。花被片长圆状披针形，花初为白色顶端带红色，或全部粉红色，后白色；花药紫色；花柱紫色。①②③④

táiwānpāotóng

黄毛泡桐，水桐木 **台湾泡桐**

Paulownia kawakamii T. Ito

科属：玄参科，泡桐属。

生境：山坡灌丛、疏林及荒地。

花期：4~5 月。

小乔木。树冠伞形，主干矮。叶心形，先端锐尖。花序为宽大圆锥形；小聚伞花序常具 3 朵花。花冠近钟形，浅紫色或蓝紫色，管基部细缩，向上扩大，檐部二唇形。蒴果卵圆形，顶端有短喙。①②

相近种　**白花泡桐** ***Paulownia fortunei*** (Seem.) Hemsl. 花冠管状漏斗形，白色仅背面稍带紫色或浅紫色③。**毛泡桐** ***Paulownia tomentosa*** (Thunb.) Steud. 大乔木；花序狭长几成圆柱形，小聚伞花序有花 3~8 朵，花冠管状漏斗形，白色仅背面稍带紫色或浅紫色④。

zhūlóngcǎo

猪笼草 猴子埕

Nepenthes mirabilis (Lour.) Druce

科属：猪笼草科，猪笼草属。

生境：沼地、路边、灌丛、草地或林下。

花期：4~11 月。

易危种。直立或攀缘草本。基生叶密集，基部半抱茎；叶披针形，边缘具睫毛状齿；卷须短于叶片；瓶状体长 2~6 厘米，窄卵形或近圆柱形，被疏柔毛和星状毛，具 2 翅；瓶盖卵形或近圆形；茎生叶散生，叶长圆形或披针形，全缘或具睫毛状齿，两面常具紫红色斑点。总状花序长 20~50 厘米，与叶对生或顶生。花被片 4 枚，红色或紫红色，椭圆形或长圆形，背面被柔毛；子房椭圆形，密被淡黄色柔毛或星状毛。蒴果栗色。①②③④

jiǎdìdòu

假地豆

Desmodium heterocarpon (L.) DC.

科属：豆科，山蚂蝗属。
生境：山坡草地、水旁、灌丛或林中。
花期：7~10 月。

小灌木或亚灌木。基部多分枝。叶具 3 片小叶；顶生小叶椭圆形、长椭圆形或宽倒卵形，侧生小叶较小，先端圆或钝，微凹。总状花序，花极密，2 朵生于每节上；花冠紫色或白色，旗瓣倒卵状长圆形，基部具短瓣柄，翼瓣倒卵形，具耳和瓣柄，龙骨瓣极弯曲。荚果密集，窄长圆形。①②③

相近种　显脉山绿豆 ***Desmodium reticulatum*** Champ. ex Benth. 总状花序顶生，花小，每 2 朵生于节上；花冠粉红色，后变蓝色④。

qūjiāngyuǎnzhì

曲江远志

Polygala koi Merr.

科属：远志科，远志属。

生境：阔叶林中岩石上。

花期：4~9 月。

亚灌木。叶稍肉质，椭圆形，先端钝或近圆，基部楔形或近圆形。总状花序顶生，多花。花瓣紫红色，侧瓣与龙骨瓣等长，1/2 以下合生，龙骨瓣具 2 深裂鸡冠状附属物。蒴果圆形，具翅。①②

相近种　**香港远志** ***Polygala hongkongensis*** Hemsl. 叶披针形；花瓣 3 枚，白色或紫色③。**大叶金牛** ***Polygala latouchei*** Franch. 叶片卵状至椭圆状披针形，背面暗紫色，基部偏斜；花瓣 3 枚，粉红色至紫红色④。

yíhuā

单刀根 仪花

Lysidice rhodostegia Hance

科属：豆科，仪花属。

生境：山地丛林中。

花期：6~8 月。

灌木或小乔木。小叶 3~5 对，长椭圆形或卵状披针形，先端尾状渐尖，基部圆钝；侧脉两面明显。圆锥花序长 20~40 厘米，花序轴被短疏柔毛；苞片和小苞片粉红色，被短柔毛。花瓣紫红色，宽倒卵形，先端圆而微凹；能育雄蕊 2 枚；退化雄蕊 4 枚，钻状；子房被毛，花柱细长。荚果倒卵状长圆形，开裂后果瓣常成螺旋状卷曲。①②③④

zǐhuāyáng'ěrsuàn

紫花羊耳蒜

Liparis gigantea C. L. Tso

科属：兰科，羊耳蒜属。

生境：常绿阔叶林下或阴湿岩石覆土上。

花期：2~5 月。

地生草本。叶 3~6 枚，椭圆形或卵状长圆形，膜质或草质，基部成鞘状柄。花葶顶生，花序具数朵至20朵余花。花深紫红色；中萼片线状披针形；花瓣线形或窄线形；唇瓣倒卵状椭圆形或宽倒卵状长圆形，先端平截或有短尖，有细齿。①②

相近种　**镰翅羊耳蒜** ***Liparis bootanensis*** Griff. 总状花序外弯或下垂，花通常黄绿色，有时稍带褐色③。**长茎羊耳蒜** ***Liparis viridiflora*** (Blume) Lindl. 总状花序具数十朵小花，花绿白色或淡绿黄色，较密集④。

jiānzimù

牙娥拔翠，砚山红 # 尖子木

Oxyspora paniculata (D. Don) DC.

科属：野牡丹科，尖子木属。

生境：山谷林下，阴湿处或溪边。

花期：7~9 月，稀 10 月。

灌木。高达 2~6 米。叶卵形、窄椭圆状卵形或近椭圆形，先端渐尖，基部圆或浅心形，具不整齐小齿，基出脉 7 条，上面被糠秕状鳞片或几无，下面通常仅脉上被糠秕状星状毛，常密被糠秕状星状毛。聚伞花序组成顶生圆锥花序，花序梗及花序分枝被糠秕状星状毛，基部具叶状总苞 2 枚；苞片和小苞片披针形或钻形。花瓣红色或粉红色，或深玫瑰红色，卵形。蒴果倒卵圆形，顶端具胎座轴；宿存花萼较果长，漏斗形。①②③④

liàn

楝 苦楝，紫花树

Melia azedarach L.

科属：楝科，楝属。

生境：林地、田边或路旁。

花期：4~5 月。

落叶乔木。二至三回奇数羽状复叶，小叶对生，卵形至披针形，顶生一片通常略大，边缘有钝锯齿。圆锥花序约与叶等长；花芳香；花萼 5 深裂，裂片卵形或长圆状卵形，先端急尖，外面被微柔毛；花瓣淡紫色，倒卵状匙形；雄蕊管紫色，有纵细脉，管口有钻形、2~3 齿裂的狭裂片 10 枚，花药 10 枚；子房近圆形。核果圆形至椭圆形，内果皮木质；种子椭圆形。①②③④

hòuténg

厚藤

Ipomoea pes-caprae (L.) R. Br.

科属：旋花科，番薯属。
生境：海岸沙地、近海岸旷野。
花期：3~10 月。

多年生草本。全株无毛；茎平卧，有时缠绕。叶肉质，干后厚纸质，卵形、椭圆形、圆形、肾形或长圆形，顶端微缺或 2 裂，裂片圆，裂缺浅或深，有时具小凸尖，基部阔楔形、截平至浅心形；侧脉 8~10 对。多歧聚伞花序，腋生，有时仅 1 朵发育；萼片厚纸质，卵形，顶端圆形，具小凸尖；花冠紫色或深红色，漏斗状；雄蕊和花柱内藏。蒴果圆形，果皮革质，4 瓣裂。种子三棱状圆形，密被褐色茸毛。①②③④

shǎohuābǎilāmù

少花柏拉木

Blastus pauciflorus (Benth.) Guillaumin

科属：野牡丹科，柏拉木属。
生境：林下、路旁或灌丛中。
花期：6~8 月。

灌木。叶卵形或披针状卵形，先端渐尖，基部心形或圆。聚伞花序组成顶生圆锥花序；花萼裂片匙形，具 4 棱；花瓣粉红色或紫红色，长圆形；花药线形，弯曲；子房半下位，卵圆形。蒴果椭圆形，为宿存花萼所包。①②③

相近种　**柏拉木** ***Blastus cochinchinensis*** Lour. 伞状聚伞花序，腋生；花瓣 4~5 枚，白色至粉红色，卵形④。

jiānyètángsōngcǎo

石笋还阳 # 尖叶唐松草

Thalictrum acutifolium

(Hand.-Mazz.) B. Boivin

科属：毛茛科，唐松草属。

生境：山地谷中坡地或林边湿润处。

花期：4~7 月。

近危种。多年生草本。根肉质，胡萝卜形。植株全部无毛或有时叶背面疏被短柔毛。茎高 25~65 厘米，中部之上分枝。基生叶 2~3 枚，为二回三出复叶；小叶草质，卵形，顶端急尖或钝，基部圆形、圆楔形或心形，不分裂或不明显三浅裂，边缘有疏牙齿。花序稀疏；萼片 4 枚，白色或带粉红色，呈花瓣状，早落，卵形；雄蕊多数，花丝上部倒披针形，下部丝形。瘦果扁，狭长圆形，稍不对称，有时稍镰状弯曲。①②③④

niújiǎoguā

牛角瓜 五狗卧花心，羊浸树

Calotropis gigantea (L.) W. T. Aiton

科属：萝藦科，牛角瓜属。
生境：低海拔阳坡、旷野及海边。
花期：全年。

灌木。幼枝被灰白色绒毛。叶倒卵状长圆形或长圆形，先端钝，基部心形，两面被灰白色绒毛，老渐脱落，侧脉 4~8 对。聚伞花序伞状，被灰白色绒毛，花序梗粗。花蕾圆柱形；花萼近平展；花冠紫蓝色，基部淡绿色，辐状，径 2.5~3.5 厘米，裂片卵形，平展或反折，边缘反卷；副花冠较合蕊柱短。蓇葖果斜椭圆形或长圆状披针形，被短柔毛，两端内弯。种子宽卵圆形。①②③④

shuǐdōnggē

水东哥

Saurauia tristyla DC.

科属：猕猴桃科，水东哥属。

生境：丘陵、低山山地林下和灌丛中。

花期：3~12月。

小乔木，或灌木状。小枝被爪甲状鳞片。叶纸质或薄革质，倒卵状椭圆形，稀宽椭圆形，先端短渐尖，基部宽楔形，具刺状锯齿。花序聚伞式，长2~4厘米，被绒毛及钻状刺毛，分枝处具2~3枚卵形苞片。花粉红色或白色，径0.7~1.6厘米；萼片宽卵形或椭圆形；花瓣卵形；雄蕊25~35枚。果近圆形。①②③④

huánánlóngdǎn

华南龙胆 地丁

Gentiana loureiroi (G. Don) Griseb.

科属：龙胆科，龙胆属。

生境：山坡路旁、荒山坡及林下。

花期：2~9 月。

一年生矮小草本。基生叶莲座状，窄椭圆形；茎生叶椭圆形或椭圆状披针形。花单生枝顶。花萼钟形，裂片披针形或线状披针形，先端具小尖头；花冠紫色，漏斗形，裂片卵形，褶卵状椭圆形，先端平截，具不整齐细齿。蒴果倒卵圆形，顶端具宽翅，两侧具窄翅。①②③

相近种　**流苏龙胆** *Gentiana panthaica* Prain & Burkill 花多数，单生于小枝顶端；花冠淡蓝色，外面具蓝灰色宽条纹，狭钟形，裂片卵形，褶卵形，下部片状，中部具 15~20 条不整齐丝状流苏④。

tǔdīngguì

毛辣花，银花草 土丁桂

Evolvulus alsinoides (L.) L.

科属：旋花科，土丁桂属。

生境：草坡，灌丛及路边。

花期：5~9 月。

多年生草本。平卧或上升。茎细长，被平伏柔毛。叶长圆形、椭圆形或匙形，先端钝具小尖头，基部圆或渐窄，两面疏被平伏柔毛，侧脉不明显。花单生或几朵组成聚伞花序，花序梗丝状，被平伏毛。萼片披针形，被长柔毛；花冠辐状，径 7~9 毫米，蓝色或白色；雄蕊 5 枚，内藏，花丝丝状，贴生花冠筒基部。蒴果圆形。种子黑色，平滑。①②③④

huòxiāngjì

藿香蓟 胜红蓟

Ageratum conyzoides L.

科属：菊科，藿香蓟属。
生境：林地、河边或山坡草地等处。
花期：全年。

一年生草本。叶对生，有时上部互生。叶圆形、椭圆形或长圆形。头状花序4~18个，在茎顶排成通常紧密的伞房状花序。总苞钟状或半圆形，2层。花冠檐部5裂，淡紫色。瘦果黑褐色；冠毛白色。①②

相近种 **飞机草** ***Chromolaena odorata*** (L.) R. M. King & H. Rob. 头状花序排成伞房状或复伞房状花序；花白色或粉红色③。**假臭草** ***Praxelis clematidea*** R. M. King & H. Rob. 头状花序组成稀疏的聚伞花序或圆锥花序；管状花，蓝紫色，先端5裂④。

chángèjǐncài

犁头草 长萼堇菜

Viola inconspicua Blume

科属：堇菜科，堇菜属。

生境：林缘、山坡草地、田边及溪旁等处。

花期：3~11 月。

多年生草本。植株无地上茎。叶基生，莲座状，叶三角形、三角状卵形或戟形，基部宽心形，弯缺呈宽半圆形，具圆齿，叶柄具窄翅。花淡紫色，有暗紫色条纹，萼片卵状披针形或披针形，基部附属物长，花瓣长圆状倒卵形，下瓣距管状，直伸。下方雄蕊背部的距角状，顶端尖，基部宽；子房球形，花柱棍棒状，基部稍膝曲，顶端平，两侧具较宽的缘边。蒴果长圆形。①②③④

jiǎdùjuān

假杜鹃

Barleria cristata L.

科属：爵床科，假杜鹃属。
生境：山坡、路旁或疏林下阴处。
花期：11~12 月。

小灌木。茎被柔毛，有分枝。长枝叶椭圆形、长椭圆形或卵形，两面被长柔毛，脉上较密，全缘，侧脉 4~7 对。叶腋常生 2 朵花，短枝有分枝，花在短枝上密集；苞片叶形，无柄。小苞片披针形或线形；外 2 枚萼片卵形或披针形，内 2 枚萼片线形或披针形，有缘毛；花冠蓝紫色或白色，二唇形，花冠筒圆筒状，喉部渐大，冠檐裂片长圆形；能育雄蕊 2 枚长 2 枚短，着生喉基部。蒴果长圆形，两端急尖，无毛。①②③④

dānyèmànjīng

单叶蔓荆

Vitex rotundifolia L. f.

科属：马鞭草科，牡荆属。

生境：沙滩、海边及湖畔。

花期：7~9 月。

匍匐灌木。单叶对生，叶片倒卵形或近圆形，基部楔形，全缘。聚伞圆锥花序顶生。花冠淡紫色到紫蓝色，花冠管顶端 5 裂，二唇形，下唇中间裂片较大；雄蕊 4 枚，伸出花冠外；柱头 2 裂。核果近圆形，成熟时黑色。①②

相近种　**牡荆** ***Vitex negundo*** var. ***cannabifolia*** (Siebold & Zucc.) Hand.-Mazz. 落叶灌木或小乔木，掌状复叶；花冠淡紫色③。**蔓荆** ***Vitex trifolia*** L. 落叶灌木或小乔木，通常三出复叶；花冠淡紫色或蓝紫色，花冠二唇形④。

shānqiānniú

山牵牛 大花老鸦嘴

Thunbergia grandiflora Roxb.

科属：爵床科，山牵牛属。

生境：山地灌丛。

花期：8 月至翌年 1 月。

攀缘灌木。叶卵形、宽卵形或心形，边缘有 2~8 枚宽三角形裂片。花单生叶腋或成顶生总状花序；花萼环状，全缘；花冠筒连同喉白色；喉自花冠筒以上膨大；冠檐蓝紫色，裂片圆形或宽卵形，先端常微缺；雄蕊 4 枚；柱头近相等，2 裂。①②③

相近种　**碗花草** ***Thunbergia fragrans*** Roxb. 花通常单生叶腋。花白色，花冠 5 裂，冠檐裂片倒卵形，先端平截④。

jiǎmǎbiān

大蓝草，倒团蛇 假马鞭

Stachytarpheta jamaicensis (L.) Vahl

科属：马鞭草科，假马鞭属。

生境：山谷阴湿处草丛中。

花期：8 月。

多年生粗壮草本或亚灌木状。幼枝稍四棱，疏被短毛。叶椭圆形或卵状椭圆形；先端短尖，基部楔形，具粗齿，两面疏被短毛，侧脉 3~5 对。穗状花序顶生，长 11~29 厘米，花单生苞腋，螺旋状着生；苞片具芒尖。花萼筒状，膜质；花冠深蓝紫色，长 0.7~1.2 厘米，5 裂，裂片平展；雄蕊 2 枚，花丝短，花药极叉开；花柱伸出。蒴果包于宿萼内。①②③④

zǐhuāxiāngrú

紫花香薷 金鸡草，土荆芥

Elsholtzia argyi H. Lév.

科属：唇形科，香薷属。

生境：山坡灌丛中林下溪旁及河边草地。

花期：9~11 月。

①

②

③

④

草本。茎四棱形，具槽，紫色。叶卵形至阔卵形，先端短渐尖，基部圆形至宽楔形，边缘在基部以上具圆齿或圆齿状锯齿，近基部全缘，侧脉 5~6 对。穗状花序生于茎、枝顶端，偏向一侧，由具 8 朵花的轮伞花序组成。苞片圆形，常带紫色；花冠玫瑰红紫色，长约 6 毫米，外面被白色柔毛，冠筒向上渐宽，冠檐二唇形，上唇直立，先端微缺，下唇稍开展。雄蕊 4 枚。小坚果长圆形，深棕色。①②③④

lǎoshǔlè

老鼠簕

***Acanthus ilicifolius* L.**

科属：爵床科，老鼠簕属。

生境：海岸及潮汐能至的滨海地带。

花期：2~3 月。

直立灌木。茎粗壮，圆柱状，上部有分枝，无毛。叶长圆形或长圆状披针形，边缘羽状浅裂，裂片 4~5 枚，先端急尖，基部楔形，近革质，侧脉顶端突出成尖锐硬刺；托叶成刺状。穗状花序顶生。花萼裂片 4 枚，宽卵形至卵形。花冠白色，上唇退化，下唇倒卵形，先端 3 裂；雄蕊 4 枚；子房顶部软骨质，柱头 2 裂。蒴果椭圆形，有种子 4 颗。①②③④

chángshān

常山 蜀漆，土常山

Dichroa febrifuga Lour.

科属：虎耳草科，常山属。

生境：阴湿林中。

花期：2~4 月。

灌木。植株高 1~2 米。小枝圆柱状或稍具四棱，常呈紫红色。叶椭圆形至披针形，先端渐尖，基部楔形，具锯齿，两面绿色或下面紫色。伞房状圆锥花序，有时叶腋有侧生花序，花蕾倒卵形。花白色或蓝色；花萼裂片宽三角形，花瓣长圆状椭圆形，稍肉质，花后反折；雄蕊一半与花瓣对生，花柱棒形，柱头长圆形，子房 3/4 下位。浆果蓝色，干后黑色。①②③④

hèdǐnglán

鹤顶兰

Phaius tancarvilleae (L'Hér.) Blume

科属：兰科，鹤顶兰属。
生境：林缘、沟谷或溪边阴湿处。
花期：3~6 月。

地生草本。叶长圆状披针形。花葶生于假鳞茎基部，花序具多花。花大，背面白色，内面暗赭色或棕色；花瓣长圆形；唇瓣背面白色，先端带茄紫色，上面茄紫色带白色条纹，上部稍 3 裂，唇瓣喇叭状，中裂片近圆形或横长圆形，边缘波状，常具 2 条褶片；距呈钩状弯曲。①②

相近种　**黄花鹤顶兰** ***Phaius flavus*** (Blume) Lindl. 花柠檬黄色，不甚张开③。**紫花鹤顶兰** ***Phaius mishmensis*** (Lindl. & Paxton) Rchb. f. 花淡紫红色④。

měiguānlán

美冠兰

Eulophia graminea Lindl.

科属：兰科，美冠兰属。
生境：疏林、山坡阳处、海边沙滩林中。
花期：4~5月。

地生草本。叶3~5枚，花后出叶，线形或线状披针形；叶柄套叠成短的假茎。花葶侧生，总状花序直立，疏生多花。花橄榄绿色，唇瓣白色，具淡紫红色褶片；中萼片倒披针状线形，侧萼片常略斜歪而稍大；花瓣近窄卵形，唇瓣近倒卵形或长圆形，3裂，唇盘有3~5条褶片，中裂片褶片成流苏状。蒴果下垂，椭圆形。①②③

相近种　无叶美冠兰 ***Eulophia zollingeri*** (Rchb. f.) J. J. Sm. 腐生植物，无绿叶；花褐黄色④。

xiānggǎngdàichúnlán

香港安兰 香港带唇兰

Tainia hongkongensis Rolfe

科属：兰科，带唇兰属。
生境：山坡林下或山间路旁。
花期：4~5 月。

近危种。地生草本。叶长圆形，先端渐尖，具折扇状脉。花葶直立，花序疏生数花。花黄绿色带紫褐色斑点和条纹；萼片长圆状披针形，先端渐尖；花瓣倒卵状披针形，与萼片近等大，先端渐尖，基部收窄，唇瓣白色带黄绿色条纹，倒卵形，不裂，先端短尖，唇盘具 3 条窄褶片。①②③

相近种　**带唇兰** ***Tainia dunnii*** Rolfe 花黄褐色或棕紫色，花瓣先端急尖或锐尖，唇瓣近圆形，前部 3 裂④。

xīnyánnánxīng

心檐南星

Arisaema cordatum N. E. Br.

科属：天南星科，天南星属。

生境：林下阴湿处。

花期：4月。

纤弱草本。块茎圆形。鳞叶 2~3 片，膜质，长渐尖。叶 1 枚，叶片鸟足状分裂，裂片 5~7 枚，膜质，长圆形，淡绿色，发亮，先端锐尖至急渐尖，宽楔形，近无柄。花序柄短，纤细。佛焰苞干时青紫色，管部狭漏斗形，喉部边缘具圆形宽耳；檐部三角状卵形，细渐尖。肉穗花序单性，雄花序具短柄，附属器无柄，下部纺锤形，伸出喉外后明显变细成线形，下垂。①②③④

huáchónglóu

华重楼

Paris polyphylla* var. *chinensis (Franch.) H. Hara

科属：百合科，重楼属。
生境：林下阴处或沟谷边的草丛中。
花期：4~7 月。

易危种。多年生草本。根状茎粗厚。茎通常带紫红色，基部有灰白色干膜质的鞘 1~3 枚。叶 5~8 枚轮生，通常 7 枚，倒卵状披针形至倒披针形，基部通常楔形。外轮花被片绿色，3~6 枚，狭卵状披针形；内轮花被片狭条形，通常中部以上变宽，长为外轮的 1/3 至近等长或稍超过；雄蕊 8~10 枚。蒴果紫色，3~6 瓣裂开。①②③④

mángmáojùtái

芒毛苣苔

Aeschynanthus acuminatus Wall. ex A. DC.

科属：苦苣苔科，芒毛苣苔属。
生境：山谷林中树上或溪边石上。
花期：10~12 月。

附生小灌木。茎常多分枝。叶对生，叶片薄纸质，长圆形至狭倒披针形，顶端渐尖或短渐尖，基部楔形或宽楔形，边缘全缘；叶柄短。花序生茎顶部叶腋，有 1~3 朵花；苞片对生，宽卵形，顶端钝或圆形；花梗短。花萼 5 裂至基部，裂片狭卵形至卵状长圆形，顶端钝或圆形。花冠红色；上唇 2 裂，下唇稍长，3 裂，裂片狭卵形；雄蕊伸出，花丝着生于花冠筒中部稍下处；退化雄蕊丝形；花盘环形；雌蕊线形。蒴果线形。①②③④

hǎináncàidòushù

大叶牛尾连，牛尾林 **海南菜豆树**

Radermachera hainanensis Merr.

科属：紫葳科，菜豆树属。

生境：低山坡林中。

花期：4 月。

①

②

③

④

乔木。一至二回羽状复叶，或有小叶 5 枚；小叶纸质，长圆状卵形或卵形，先端渐尖，基部窄楔形。花序总状或少分枝的圆锥花序，比叶短。花萼淡红色，筒状，不整齐，3~5 裂；花冠黄绿色，钟状。蒴果长达 40 厘米。①②③

相近种　菜豆树 ***Radermachera sinica*** (Hance) Hemsl. 花萼蕾时锥形，萼齿 5 枚，卵状披针形，中肋明显；花冠钟状漏斗形，白色或淡黄色，裂片 5 枚，圆形，具皱纹④。

nánshébàng

南蛇棒

Amorphophallus dunnii Tutcher

科属：天南星科，魔芋属。

生境：林下。

花期：3~4 月。

多年生草本。块茎扁圆形，具肉质根。叶全裂，裂片 3 枚；顶生小裂片椭圆形，先端骤渐尖，基部楔形，一侧下延；具长叶柄。花序柄淡绿具白色斑块；佛焰苞淡红色、淡绿色具白色圆形小斑块，舟状，直立；肉穗花序；附属器长圆锥形或纺锤形，白色、黄白色。雄花具雄蕊 1 枚；雌花子房淡红色，倒卵形。浆果蓝色。种子黑色。①②③

相近种　**花魔芋** ***Amorphophallus konjac*** K. Koch 佛焰苞漏斗形，基部席卷，苍绿色，杂以暗绿色斑块，边缘紫红色；附属器中空，深紫色④。

zhōngguójīngjiéhuā

中国旌节花

Stachyurus chinensis Franch.

科属：旌节花科，旌节花属。

生境：山坡谷地林中或林缘。

花期：3~4 月。

落叶灌木。小枝粗壮，圆柱形，具淡色椭圆形皮孔。叶于花后发出，互生，纸质至膜质，卵形至长圆状椭圆形，先端渐尖或短尾状渐尖，基部钝圆或近心形，具圆齿状锯齿，叶柄通常暗紫色。穗状花序腋生，先叶开放。花黄色，萼片 4 枚，黄绿色，卵形，花瓣 4 枚，卵形；雄蕊 8 枚，与花瓣等长；子房瓶状。柱头头状，不裂。果圆球形。①②③④

xìzhóuráohuā

细轴荛花 地棉麻，野棉花

Wikstroemia nutans Champ. ex Benth.

科属：瑞香科，荛花属。

生境：常绿阔叶林中。

花期：春季至初夏。

灌木。小枝纤细，红褐色，圆柱形。叶对生，纸质或膜质，卵形、卵状椭圆形或卵状披针形，先端长渐尖，基部楔形或钝。花序为顶生或腋生短总状花序，有花 3~8 朵；花序梗纤细，弯垂。花黄绿色，几无梗；萼筒筒状，裂片 4 枚，椭圆形；雄蕊 8 枚；柱头圆形。果椭圆形或近圆形，熟时红色。①②③

相近种 **北江荛花** ***Wikstroemia monnula*** Hance 总状花序缩短，成伞形状；花萼裂片 4 枚，卵形，萼筒白色，顶端淡紫色④。

中文名索引

Y

Z

拉丁名索引

N

O

P

Q

R

S

图片摄影者

（图片摄影者及页码、图片编号）

金宁 2①②③,3①③,5②③,6①②,7①②③,8①③④,9①②③,11②③,12①②③④,13①②③④,14①②③④,15①②③,17①②,18①②③④,19①②,20①②③,22①②③④,24①②③④,25②④,27①②④,28①②③,30①②③,31①②③④,34①②③④,35①②③④,36①②③④,37①②③,38①②③④,39①②③,40①②③,41①②③④,43①②③,44①②③④,45①②,46①②,47①②③④,48①②③④,49①②③,50①②,51①②③,53①②③,54①②③,55①②③④,56①②③,57①②③④,58①②,59①②③④,60①③④,61③,62①②③④,63③④,64①②③,65①②,66①②③④,67①②③④,68①②③④,70①②③④,71①②③,72④,73①②③④,74①②③④,76①②③④,77①②③,78①②③④,79①②,80①②③④,81①②③④,82①②③④,83①②③④,84①②③④,86①②④,87①②④,88③,89①②③④,90①②③④,91①②④,93①③,94①②④,95①②③④,96①②③,97①②③④,98②③④,99①②④,100①②③④,101④,103①②③④,104①②③④,105③④,106③④,107④,108①②③,109①③④,110①②③④,111①②③④,112①②③,113①②,114①②④,115①②,116①②③,117①②,118①②③④,119①②③④,120①②③④,121①②③,122②,124①②④,125①②③④,126①②④,127①②③,128①②③,129①②③④,131①②③④,132①②③,133①③,134①②③④,135①②③,136①②③,137①②,138①②③,139①②③④,140①②④,141①,142①②③④,143①②③④,144①②④,145①②③④,146①②③,147①②,148②,150①②③,151①②③④,152①②③④,153①②,154①②③④,155②,156①②③,157①②③,159①②③,161③④,162①②④,163①②③④,164①②③,165①②④,166①②,167①②④,169①②③④,170①②③④,171①②③,172①②③④,173①②③④,174①②③④,176①②④,177①②,178①②,180①②③④,181①②③④,182①②③④,183①②,185①②③,186①②③④,189①②③,190①②③④,191①②③④,192①②③④,193①②③④,194①②,195①②③,196①②③④,198①②③④,199①②③④,200①②③,201③④,202①②③④,204①②,205①②③④,207②③④,208①②③,209①②④,210①②③,212②④,213①②③④,214①②③④,215①③,216①②③,217①②③④,218①②③④,219①②③④,220①②③④,221①②④,222①②③④,223①②③,224①②③④,225①②③,226①②③④,227①②③,228②,229①②③④,230①②③④　徐晔春 1①②③,4②,5①④,11①,16②,17③,23①②③,27③,29③,33②③,40④,45④,46④,51④,60②,61②,64④,65③,69①②③,75④,79③④,85①④,87③,88①,91③,92④,107③,109②,113④,115③,122①④,132④,133②,137③,138④,140③,146④,149④,150④,155④,157④,160①②④,161①②,179③,183③,188①④,194③,197③,201①②,203④,204④,208④,215②④,227④,228③　刘军 4①③,6③,9④,15④,21①②③,26①②,28④,29②,37④,50③④,65④,75①③,93②,106①②,107②,113③,136④,141②,149①,158①②③,159④,160③,165③,171④,175①③,178③④,184①②③④,187①②④,189④,197①②,200④,204③,223④,225④　徐克学 25①,30④,39④,52①,53④,54④,77④,88②④,92①②,94③,96④,105①②,108④,122③,128④,144③,147③④,155①,156④,166④,177③④,179①②,183④,195④,209③,210④,211②③　刘冰 10②,19③,20④,23④,25③,26④,32③④,45③,56④,86③,98①,101①②,102④,114③,115④,116④,117③,123①②④,130②③④,137④,148①,164④,175②④,203②③　李西贝阳 16①③,17④,19④,46③,69④,99③,117④,130①,185④,188③,216④,228①　陈炳华 2④,10①,16④,32②,33①,72②,85②③,121④,149②,221③　孙观灵 3②④,10③,63①②,72①③,102③,123③,162③,176③　罗毅波 49④,107①,124③,168①②③④　宋鼎 29①,71④,126③,153③,167③,188②,194④　徐亚幸 11④,52④,92③,158④,187③,212③,228④　徐永福 10④,21④,102①②,149③,155③,166③　林广旋

致　谢

本手册能在短期内顺利出版，首先得益于本套丛书的各位合作者马欣堂、周繇、刘军、李晓东、金宁、宋鼎、朱强的通力合作，以及前期大量的野外工作和丰富的植物图片积累。感谢对本书编撰出版付出辛劳的中国科学院植物研究所数字植物项目组的同仁，宣晶对全书数据进行了规范化整理，赵明月负责在线编辑程序开发和数据输出，薛艳莉和郝丽华对全部图片进行前期处理和编辑。同时也要感谢河南科学技术出版社领导给予的特别支持，感谢杨秀芳编辑和她的同事们。

本书所有图片由中国植物图像库（www.plantphoto.cn）代理授权，感谢每一位摄影者的奉献。感谢中国在线植物志（www.eflora.cn）提供《中国植物志》《Flora of China》的植物分类及形态信息，感谢中国科学院植物研究所系统与进化植物学国家重点实验室及科技部基础条件平台标本资源项目对相关网站建设的支撑资助。

感谢我们所有家人的理解和支持，感谢所有朋友的关心和帮助，你们的支持和关爱是我们最大的精神支柱。

最后，特别感谢您——亲爱的读者，您对本书的阅读、使用和推介，是我们不断前行的动力。

李敏 谨识

二〇一四年九月于北京香山